内蒙古资源环境承载能力政策研究

Policy Research on the Carrying Capacity of Resources and Environment in Inner Mongolia Autonomous Region

玉　山　黄占兵　都瓦拉　著

中国建筑工业出版社

图书在版编目（CIP）数据

内蒙古资源环境承载能力政策研究 = Policy Research on the Carrying Capacity of Resources and Environment in Inner Mongolia Autonomous Region / 玉山，黄占兵，都瓦拉著. — 北京 ：中国建筑工业出版社，2022.10

ISBN 978-7-112-27797-1

Ⅰ. ①内… Ⅱ. ①玉… ②黄… ③都… Ⅲ. ①区域生态环境-环境承载力-环境政策-研究-内蒙古 Ⅳ. ①X321.26

中国版本图书馆 CIP 数据核字（2022）第 154217 号

责任编辑：张文胜
责任校对：李辰馨

内蒙古资源环境承载能力政策研究

Policy Research on the Carrying Capacity of Resources and Environment in Inner Mongolia Autonomous Region

玉 山 黄占兵 都瓦拉 著

*

中国建筑工业出版社出版、发行(北京海淀三里河路 9 号)
各地新华书店、建筑书店经销
北京鸿文瀚海文化传媒有限公司制版
北京盛通印刷股份有限公司印刷

*

开本：787 毫米×1092 毫米 1/16 印张：11½ 字数：258 千字
2022 年 6 月第一版 2022 年 6 月第一次印刷
定价：**45.00** 元

ISBN 978-7-112-27797-1
(39529)

著作人员

主要著作人员：玉　山　黄占兵　都瓦拉

参与著作人员：包玉海　姚喜军　曹永萍

冯玉龙　银　山　甄江红

春　风　红　英　魏宝成

佟斯琴　贾柏川　珠拉赛

资助项目：

1. 内蒙古自治区发展和改革委员会委托项目“内蒙古自治区资源环境承载能力试评价”

2. 内蒙古自治区“十四五”社会公益领域重点研发和成果转化计划项目《森林草原火灾风险快速评估技术研究与防控系统应用示范》(2022YFSH0027)

3. 内蒙古“科技兴蒙”行动重点专项“阿尔山森林草原防火监测预警系统研发与集成示范”(2020ZD0028)

4. 中央引导地方科技发展资金“阿尔山生态保护与资源综合利用技术集成示范”

5. 内蒙古师范大学引进高层次人才项目“中蒙克鲁伦河流域水-草资源协同演变过程研究”(2020YJRC050)

前言

生态文明建设是内蒙古高质量发展的重要内容，关系人民福祉，关乎永续发展，事关第二个百年奋斗目标和中华民族伟大复兴中国梦内蒙古篇章的实现。自治区党委、政府历来高度重视生态文明建设，先后出台了一系列重大决策部署，生态文明建设取得了重大进展和积极成效，但总体上看随着经济社会的快速发展，资源约束趋紧，环境污染严重，生态系统退化的形势日趋严峻，一些地区资源环境承载能力已达到或接近上限。

资源环境承载能力是衡量生态文明建设成果最直接的手段，是化解资源环境瓶颈制约的现实选择，是提高空间开发管控水平的重要途径。建立资源环境承载能力监测预警长效机制，开展国土空间开发利用状况综合评价，可以更加清晰地认识不同区域国土空间的特点和属性，开发现状、潜力和超载状况，明确不同区域资源环境超载问题的根源与症结，从而实施差异化的管控与管理措施。

按照《中共中央办公厅　国务院办公厅印发〈关于建立资源环境承载能力监测预警长效机制的若干意见〉》的要求，研究建立内蒙古资源环境承载能力监测预警长效机制，切实发挥资源环境监测预警的引导约束作用，有效规范空间开发秩序，合理控制开发强度，对于内蒙古自治区形成绿色发展方式和生活方式，坚定不移走以生态优先、绿色发展为导向的高质量发展新路子，筑牢我国北方重要生态安全屏障，为全国乃至全球生态安全作出贡献具有重大意义。

目　录

第一章

问题提出

第一节

研究背景

资源环境承载能力是指一定区域在一段时间范围内，在满足其资源结构符合可持续发展要求和环境功能具备维持稳态效应的前提下，该区域资源环境系统所能承受的人类生活和生产活动的能力。资源环境承载能力是由水、土地等资源承载要素和污染物排放、生态系统等环境承载要素构成的。

人与自然是生命共同体，人类必须尊重自然、顺应自然、保护自然。但人类的发展总是伴随着对自然资源的消耗和对环境系统的破坏，而自然资源、生态环境是任何技术都无法替代的经济社会发展基础。历史发展经验表明，人类只有遵循自然规律才能有效防止在开发利用自然上走弯路，人类对大自然的伤害最终会伤及人类自身，这是无法抗拒的规律。

改革开放以来，尽管我国在经济社会快速发展的同时不断加强生态建设和环境保护，但自然资源短缺、大气污染严重、水和土壤生态环境恶化等问题日益突出，部分地区资源环境承载能力已达到或接近上限，资源保障和生态环境保护依然面临严峻的挑战。根据统计，我国人均水资源量仅为世界人均水平的28%，人均耕地资源仅为世界人均水平的40%，人均森林面积仅为世界人均水平的25%，三分之二的湖泊存在富营养化的问题。据生态环境部通报，2017年4月7日至8月31日生态环境部派出的京津冀及周边地区大气污染防治强化督查组共检查41928家企业（单位），发现约一半以上的企业（单位）存在超标排放、未安装污染治理设施、治污设施不正常运行、挥发性有机物（VOCs）超标等环境问题。这些都反映出了我国资源环境超载现象的严重和普遍，未来生态文明建设任重道远。

加强资源环境承载能力监测预警，推进生态文明建设，是加快转变经济发展方式、提高发展质量和效益的内在要求，是全面建成小康社会、建设美丽中国的时代选择，同时也是积极应对气候、维护全球生态安全的重大举措。

面对资源约束趋紧、环境污染加剧、生态系统退化的严峻形势，党的十七大首次把生态文明作为建设小康社会的新要求写入党的报告。党的十八大从中国特色社会主义全面发展和中华民族永续发展的战略高度出发，首次把“美丽中国”作为生态文明建设的宏伟目标，并把生态文明建设与经济、政治、文化、社会四大建设并列，放在了建设中国特色社会主义“五位一体”总体布局的战略位置。十八届三中全会通过的《中共中央关于全面深化改革若干重大问题的决定》，明确提出要建立资源环境承载力监测预警机制，对水土资源、环境容量和海洋资源超载区域实行限制性措施。党的十九大报告进一步提出，坚持人与自然和谐共生，建设生态文明是中华民族永续发展的千年大计，并提出加强对生态文明建设的总体设计和组织领导，设立国有自然资源资产管理和自然生态监管机构，将生态文明建设的重要性提升到了前所未有的高度，而且把推进自然资源资产管理和自然生态监管提到了更加紧迫的日程上来。2017年中共中央办公厅、国务院办公厅印发了《关于建立资源环境承载能力监测预警长效机制的若干意见》，对建立资源环境承载能力监测预警长效机制提出了总体要求。十九届三中全会明确提出全力以赴打好污染防治等三大攻坚战。这些都对内蒙古正确处理经济发展同生态环境保护的关系，牢固树立保护生态环境就是保护生产力、改善生态环境就是发展生产力的理念，加快建立资源环境承载能力监测预警长效机制，更加自觉地推动绿色发展、循环发展、低碳发展，决不以牺牲环境为代价去换取一时的经济增长，提出了要求、指明了方向。

第二节 研究意义

一、有利于优化国土空间开发格局

国土空间是人类赖以生存和发展的家园。内蒙古主体功能区规划实施以来，国土空间逐步优化，但总体上空间结构依然不尽合理、利用效率依然不高，农村牧区居民点分散，城镇发展不足，工矿建设和开发区占用空间偏多，生态空间用途管制有待加强，国土空间尚未完全形成集中、集聚、集约发展的格局。资源环境承载能力监测预警是健全国土空间规划体系、优化国土空间开发格局的基本依据。内蒙古建立资源环境承载能力监测预警长效机制是更好地落实主体功能区战略、提高空间开发管控水平的重要途径。通过切实发挥不同区域的资源环境监测预警的引导约束作用，划定生态红线，可以科学控制空间开发强度、空间开发节奏，统筹人口分布、经济布局向均衡方向发展，推动重点开发区、限制开发区、禁止开发区按主体功能定位发展。内蒙古根据资源环境承载能力，可以通过建立科学完善的空间规划体系，在尊重自然格局的基础上，依托现有山水脉络、气象条件等，推动大中小城市、小城镇协调发展和美丽乡村建设，构建平衡适宜的城乡建设空间体系，尽量减少对自然的干扰和损害。内蒙古根据资源环境承载能力，可以适当增加生活空间与生态用地，保护和扩大绿地、水域、湿地等生态空间，推动生产空间、生活空间、生态空间科学合理布局。

二、有利于实现永续发展

建设美丽内蒙古是功在当代、利在千秋的事业。绿水青山就是金山银山，无序开发、过度开发会突破资源环境承载能力的底线，一旦自然环境失去自我恢复的能力，将产生不可逆的后果。资源环境承载能力是动态变化的，受到自然资源禀赋和生产力布局、人口规模和布局、新型城镇化进程、基础设施建设等多种因素影响。内蒙古建立资源环境承载能力监测预警长效机制是化解资源环境瓶颈制约的现实选择。只有树立尊重自然、顺应自然、保护自然的生态文明理念，遵循经济社会发展规律和自然规律，加强内蒙古资源环境承载能力监测预警，才能在实时全面掌握资源与环境损耗程度的基础上，将资源环境承载能力这个刚性约束贯穿于全区经济建设、政治建设、文化建设、社会建设的各方面和全过程；才能通过合理制定符合当前资源环境形势的决策部署和政策措施，找准资源环境承载能力的制约因素和薄弱环节进行补充强化，主动破解全区经济发展与资源环境矛盾，实现以最少的能源资源消耗、最少的污染物排放，支撑经济社会永续发展；才能尽快形成人与自然和谐发展的现代化建设新格局，使蓝天常在、青山常在、绿水常在，给子孙后代留下天蓝、地绿、水净的美好家园。

三、有利于提高经济发展质量和效益

提高经济发展质量和效益，就是要构建科技含量高、资源消耗低、环境污染少的产业结构，加快推动生产方式绿色化，大幅提高经济绿色化程度，有效降低发展的资源环境代价。内蒙古建立资源环境承载能力监测预警长效机制，是适应区情、推动绿色发展的必然要求。根据全区资源环境承载能力监测数据，可以倒逼能源资源消耗企业走创新驱动、精深加工的发展路子，大力开发应用先进适用节能低碳环保技术和工艺，开发精深加工产品，不断降低物耗水平、能耗水平和污染物排放水平，大幅提高自治区能源资源产出率；可以加速落后产能淘汰，为能源资源利用更加高效、污染排放更少的战略性新兴产业、现代服务业发展腾出空间，促进自治区产业结构优化调整；可以深入推进全社会节能减排，在生产、流通、消费各环节大力发展循环经济，全面促进能源资源节约循环高效使用，推动自治区能源资源利用方式根本转变。

四、有利于增加人民福祉

习近平总书记指出："环境就是民生，青山就是美丽，蓝天也是幸福"。生态环境的好坏直接关系着人民群众幸福指数的高低，良好的生态环境就是最公平的公共产品、最普惠的民生福祉。党的十九大报告明确指出，我们要建设的现代化是人与自然和谐共生的现代化，既要创造更多物质财富和精神财富以满足人民日益增长的美好生活需要，也要提供更多优质生态产品以满足人民日益增长的优美生态环境需要。因此，顺应全区各族人民群众对良好生态环境的期待，加强资源环境承载能力监测预警，推进生态文明建设，这既是民生，也是民意。只有通过建立内蒙古资源环境承载能力监测预警长效机制，加快构建绿色产业体系，形成绿色生产方式与消费方式，走绿色低碳循环发展之路，才能有效增加全区优质生活产品和生态产品的供给，才能让良好的生活环境普惠成为全区各族人民群众的切身福祉，才能提升全区人民群众获得感、幸福感。

第二章

现状评价

第一节 评价地域范围

评价地域范围包括12个地市级、103个县级行政区（县、不设区的市〈县级〉、市辖区），详见表1。

评价地域范围基本情况　　表1

行政区	下辖县级行政区	2015年			
		人口（万人）	面积（万 km^2）	GDP（亿元）	人口密度（人/km^2）
呼和浩特市	回民区、新城区、玉泉区、赛罕区、土默特左旗、托克托县、和林格尔县、武川县、清水河县(共9个)	305.96	1.72	3090.52	177.88
包头市	昆都仑区、东河区、青山区、石拐区、白云矿区、九原区、土默特右旗、固阳县、达尔罕茂明安联合旗(共9个)	282.93	2.77	3721.93	102.14
呼伦贝尔市	扎兰屯市、阿荣旗、鄂温克族自治旗、海拉尔区、扎赉诺尔区、满洲里市、新巴尔虎左旗、新巴尔虎右旗、莫力达瓦达斡尔族自治旗、陈巴尔虎旗、牙克石市、鄂伦春自治旗、根河市、额尔古纳市(共14个)	252.65	25.30	1596.01	9.99
兴安盟	乌兰浩特市、阿尔山市、科尔沁右翼前旗、科尔沁右翼中旗、扎赉特旗、突泉县(共6个)	159.91	5.98	502.31	26.74
通辽市	科尔沁区、霍林郭勒市、科尔沁左翼中旗、科尔沁左翼后旗、开鲁县、库伦旗、奈曼旗、扎鲁特旗(共8个)	312.08	5.95	1877.44	52.45
赤峰市	红山区、元宝山区、松山区、阿鲁科尔沁旗、巴林左旗、巴林右旗、林西县、克什克腾旗、翁牛特旗、喀喇沁旗、宁城县、敖汉旗(共12个)	429.95	9.00	1861.27	47.77
锡林郭勒盟	锡林浩特市、二连浩特市、阿巴嘎旗、苏尼特左旗、苏尼特右旗、东乌珠穆沁旗、西乌珠穆沁旗、太仆寺旗、镶黄旗、正镶白旗、正蓝旗、多伦县(共12个)	104.26	20.26	1000.10	5.15
乌兰察布市	集宁区、丰镇市、卓资县、化德县、商都县、兴和县、凉城县、察哈尔右翼前旗、察哈尔右翼中旗、察哈尔右翼后旗、四子王旗(共11个)	211.13	5.50	913.77	38.39
鄂尔多斯市	东胜区、达拉特旗、准格尔旗、鄂托克前旗、鄂托克旗、杭锦旗、乌审旗、伊金霍洛旗、康巴什区(共9个)	204.51	8.68	4226.13	23.56
巴彦淖尔市	临河区、五原县、磴口县、乌拉特前旗、乌拉特中旗、乌拉特后旗、杭锦后旗(共7个)	167.73	6.44	887.43	26.05
乌海市	海勃湾区、海南区、乌达区(共3个)	55.58	0.17	559.83	326.94
阿拉善盟	阿拉善左旗、阿拉善右旗、额济纳旗(共3个)	24.35	27.02	322.58	0.90

资料来源：《内蒙古自治区资源环境承载能力试评价（初稿）》。

内蒙古自治区国土空间划分为重点开发区域、限制开发区域和禁止开发区域三类主体功能区。其中，重点开发区域包括 39 个旗县（市、区），含列入国家重点开发区域呼包鄂的 22 个（新增康巴什区）旗县（市、区）；限制开发区域包括 47 个旗县（市、区），含列入国家限制开发区域的重点生态功能区的 35 个旗县（市、区）、农产品主产区 12 个旗县（市、区）；还有若干自然保护区、风景名胜区、森林公园、地质公园、国际及国家重要湿地、国家湿地公园试点、重要饮用水水源保护区等禁止开发区域。详见表 2。

内蒙古自治区主体功能区划分结果 **表 2**

级别	主体功能类型	分布范围	面积		人口(2010 年)		人口(2015 年)	
			km^2	%	万人	%	万人	%
国家级	重点开发区域	呼和浩特市的新城区、回民区、玉泉区、赛罕区、托克托县、和林格尔县、土默特左旗；包头市的东河区、昆都仑区、青山区、九原区、石拐区、白云鄂博矿区；鄂尔多斯市的东胜区、伊金霍洛旗、准格尔旗、鄂托克旗、鄂托克前旗、乌审旗、达拉特旗、杭锦旗、康巴什区(共 22 个)	108827	9.20	492.45	19.95	517.67	20.62
	重点生态功能区	呼和浩特市的清水河县；呼伦贝尔市的阿荣旗、莫力达瓦达斡尔族自治旗、鄂伦春自治旗、牙克石市、额尔古纳市、根河市、扎兰屯市、新巴尔虎左旗、新巴尔虎右旗；包头市的达尔罕茂明安联合旗、固阳县，巴彦淖尔市的乌拉特中旗、乌拉特后旗；乌兰察布市的四子王旗、察哈尔右翼中旗、察哈尔右翼后旗、化德县；兴安盟的阿尔山市、科尔沁右翼中旗；赤峰市的阿鲁科尔沁旗、巴林右旗、克什克腾旗、翁牛特旗；通辽市的科尔沁左翼中旗、科尔沁左翼后旗、开鲁县、库伦旗、奈曼旗、扎鲁特旗；锡林郭勒盟的阿巴嘎旗、苏尼特左旗、苏尼特右旗、太仆寺旗、镶黄旗、正镶白旗、正蓝旗、多伦县、东乌珠穆沁旗、西乌珠穆沁旗，阿拉善盟的阿拉善左旗、阿拉善右旗、额济纳旗(共 43 个)	917318	77.53	844.97	34.23	817.30	32.56
	农产品主产区	包头市的土默特右旗；乌兰察布市的凉城县；巴彦淖尔市的杭锦后旗、五原县、乌拉特前旗；兴安盟的科尔沁右翼前旗、扎赉特旗、突泉县；通辽市的科尔沁区；赤峰市的巴林左旗、林西县、敖汉旗(共 12 个)	73992	6.25	459.03	18.60	458.36	18.25
	禁止开发区域	自然保护区、风景名胜区、森林公园、地质公园、国际及国家重要湿地、国家湿地公园试点、重要饮用水水源保护区等区域						

续表

级别	主体功能类型	分布范围	面积		人口（2010年）		人口（2015年）	
			km^2	%	万人	%	万人	%
自治区级	重点开发区域	呼伦贝尔市的海拉尔区、满洲里市、陈巴尔虎旗、鄂温克族自治旗；兴安盟的乌兰浩市；通辽市的霍林郭勒市；赤峰市的红山区、松山区、元宝山区、宁城县；锡林郭勒盟的锡林浩特市、二连浩特市；乌兰察布市的集宁区、丰镇市；巴彦淖尔市的临河区；乌海市的海勃湾区、海南区、乌达区（共18个）	80653	6.82	392.23	15.89	490.26	19.52
	重点生态功能区	呼伦贝尔市的鄂温克族自治旗及陈巴尔虎旗部分区域（共1个）	36569	3.09	20.44	0.83	19.65	0.79
	农产品主产区	呼和浩特市的武川县；乌兰察布市的商都县、察哈尔右翼前旗、卓资县、兴和县；巴彦淖尔市的磴口县；赤峰市的喀喇沁旗；锡林郭勒盟的东乌珠穆沁旗、西乌珠穆沁旗（共9个）	95564	8.08	187.44	7.46	196.19	7.95
	禁止开发区域	自然保护区、风景名胜区、森林公园、地质公园、国际及国家重要湿地、国家湿地公园试点、重要饮用水水源保护区等区域						

资料来源：《内蒙古自治区主体功能区规划》。

第二节

评价现状

一、水资源

内蒙古是我国严重的缺水省区之一，全区国土面积占全国的12.3%，而水资源占全国比重仅为2.1%左右。在总量短缺的情况下，水资源时空分布也存在很大的不平衡，东部呼伦贝尔、兴安盟两个盟市国土面积约占全区总面积的26%，水资源占全区比重高达67%，通辽以西的十个盟市国土面积占比74%，而水资源占比仅为33%左右，由西向东降水量呈现递减趋势。降水量不足再加上时空分布不平衡，使得原本就短缺的水资源在开发利用方面更为捉襟见肘。尤其是2002年以来，随着社会经济快速发展，内蒙古部分地区工业用水、生活用水、生态用水和农业用水与可利用水资源总量的矛盾日益突出（表3）。

2016年内蒙古各盟市供用水情况（单位：亿 m^3）　　表3

盟市	水资源总量	用水量合计
呼和浩特市	15.36	10.29
包头市	7.29	10.72

续表

盟市	水资源总量	用水量合计
乌海市	0.32	2.57
赤峰市	34.41	18.69
呼伦贝尔市	205.41	17.5
兴安盟	30.23	14.13
通辽市	41.85	27.42
锡林郭勒盟	35.52	4.72
乌兰察布市	10.23	5.61
鄂尔多斯市	37.2	15.66
巴彦淖尔市	5.33	49.7
阿拉善盟	3.36	13.28
全区	426.5	190.29

二、土地资源

总体看，内蒙古区域面积大，可供开发利用的土地资源数量优势和潜力明显。我区土地面积占全国土地总面积的12.3%，土地资源绝对量大，人均占有量较高，为全国人均水平的6倍以上。在目前经济技术条件下，全区未利用土地资源可利用类235.16万hm^2，占全区未利用地总面积的12.61%，主要类型为荒草地、盐碱地和沙地，数量大、分布广，具备各类建设和耕地后备资源开发利用的基本条件与发展空间，对支持国家及自治区开辟建设用地新空间和补充耕地具有不可估量的作用。2005年以来，自治区不断优化升级产业结构、推进土地功能区划分保护和土地集约化利用，限制了高能耗、高污染等项目的用地，改善了土地利用结构，保证了符合国家和自治区产业政策的项目用地需求。

三、环境质量

党的十八大以来，内蒙古认真贯彻落实国家关于环境综合治理的各项决策部署，加快解决环境隐患和突出问题，全区环境质量总体保持稳定，主要污染物排放显著减少，环境风险得到有效管控。2016年，12盟市环境空气质量达标天数比例达到86%，地表水Ⅰ～Ⅲ类水质断面（点位）占50%，地市级集中式饮用水源地水质达标率达到89.2%，城市道路交通和城市区域声环境分别达到一级、二级，化学需氧量、氨氮、二氧化硫、氮氧化物等主要污染物排放总量呈下降趋势。需要注意的是，内蒙古环境污染的形势依然严峻，乌海及周边地区、包头市、呼和浩特市、通辽市等区域的部分大气污染因子已接近上限，部分城市集中式饮用水水源地的铁、锰、氨氮等指标有不同程度超标，78个河流断面中劣Ⅴ类水质断面占未断流断面的16%左右，湖库25个断面中Ⅴ类及劣Ⅴ类水质断面占85%左右，城市建成区存在黑臭水体，地下水环境质量47个考核点位中极差比例达到20%左右，畜禽养殖污染、村庄生活污染、饮用水安全、历史遗留工矿及现有工矿污染与农业面源污染等问题尚未得到有效解决，全区环境质量状况与全面建成小康社会的目标要求尚有差距。

四、生态状况

内蒙古相继启动和实施了“三北”防护林、天然林保护、京津风沙源治理、退耕还林、野生动植物及自然保护区建设、速生丰产用材林基地建设、退牧还草、游牧民定居、草原生态保护补助奖励等重大生态工程。2016年，全区森林面积达到2487.9万hm^2，人工造林面积达到331.65万hm^2，森林覆盖率达到21%，林地与森林面积均居全国之首；草原植被盖度达到44%，较2000年提高了14个百分点；荒漠化和沙化土地连续15年“双减少”，内蒙古第五次荒漠化监测结果与第四次监测相比，荒漠化土地面积减少到60.92万km^2，沙化土地减少到40.79万km^2，减少面积均居全国首位；“十二五”期间，沙化土地和水土流失治理面积分别为4.13万km^2和2.43万km^2，2015年湿地保有量达到6万km^2、地表水资源量为268.51亿m^3、地下水资源量为248.17亿m^3。但内蒙古生态环境仍很脆弱，全区中度以上生态脆弱区域占国土面积的62.5%，其中重度和极重度区域占36.7%；森林覆盖率低于全国平均水平，草原退化、沙化、盐渍化面积近70%，天然湿地大面积萎缩，与构筑北方重要生态安全屏障的要求尚有差距。

第三节 技术路线和评价依据

一、技术路线

以《全国主体功能区规划》《全国生态功能区划（修编版）》《内蒙古“十三五”生态环境规划》等为参照基础，在国土空间管制与资源环境监管的基础上，重点参照国家发展改革委于2016年12月颁布的《资源环境承载能力监测预警技术方法（试行）》（发改规划〔2016〕2043号）文件的执行标准，结合内蒙古资源环境禀赋与开发利用现状，从全域范围和典型功能区范围两个尺度出发，对全区资源环境承载能力进行综合评价与监测预警研究。总技术路线流程如图1所示，共分为以下四个步骤：

首先，根据对内蒙古全域范围内资源与环境禀赋现状的分析，实现对生态状况、资源状况、环境状况和社会经济状况的梳理，并结合已有的国土空间管制区划方案，遴选出该区典型的功能区划方案，作为典型功能区划研究基础。

其次，对该区资源环境承载能力状况进行全域范围的基础评价和典型功能区的专项评价。

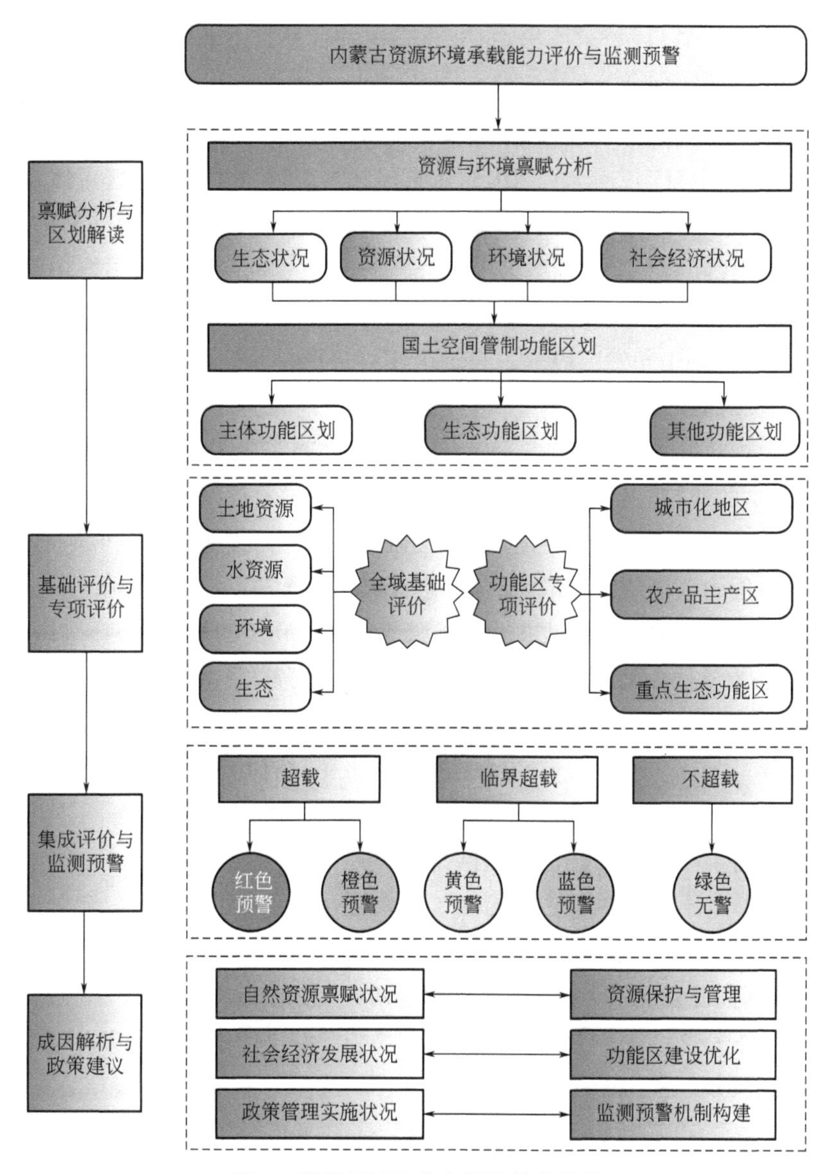

图 1 资源环境承载力评价技术流程

再次，以资源环境承载能力的集成评价为基础，进行资源环境承载能力监测预警。

最后，识别和定量评价超载关键因子及其作用程度，解析不同预警等级区域资源环境存在原因。

二、评价依据

政策文件。主要包括《资源环境承载能力监测预警技术方法（试行）》《全国生态环境十年变化（2000—2010 年）调查评估报告》《内蒙古自治区人民政府办公厅转发自治区发展改革委 农牧业厅关于加快转变东部地区农牧业发展方式建设现代农牧业实施意见的通知》

（内政办发〔2011〕63号）；《关于实行最严格水资源管理制度的意见》（国发〔2012〕第3号）；《国务院办公厅关于印发实行最严格水资源管理制度考核办法的通知》（国办发〔2013〕2号）；《中共中央关于全面深化改革若干重大问题的决定》；《中共中央　国务院关于加快推进生态文明建设的意见（2015年）》《内蒙古自治区人民政府关于自治区主体功能区规划的实施意见》（内政发〔2015〕18号）；中共中央、国务院《生态文明体制改革总体方案》《中共中央关于制定国民经济和社会发展第十三个五年规划的建议》《内蒙古自治区人民政府关于公布自治区地下水超采区及禁采区和限采范围的通知》（内政发〔2015〕3号）；《内蒙古自治区人民政府办公厅关于印发〈内蒙古自治区实行最严格水资源管理制度考核办法〉的通知》（内政办发〔2015〕21号）；《内蒙古自治区人民政府办公厅关于印发自治区水功能区管理办法的通知》（内政办发〔2015〕37号）；《内蒙古自治区人民政府办公厅关于印发自治区水功能区管理办法的通知》（内政办发〔2015〕37号）；《国务院关于同意新增部分县（市、区、旗）纳入国家重点生态功能区的批复》（国函〔2016〕161号）；《水利部办公厅关于印发〈全国水资源承载能力监测预警技术大纲〉（修订稿）的通知》（办水总函〔2016〕1429号）；《内蒙古自治区人民政府关于全面推进土地资源节约集约利用的指导意见》（内政发〔2016〕146号）；《内蒙古自治区人民政府关于划分水土流失重点预防区和重点治理区的通告》（内政发〔2016〕44号）；《内蒙古自治区人民政府关于内蒙古自治区土地整治规划（2016-2020年）的批复》（内政字〔2017〕205号）；《内蒙古自治区人民政府办公厅关于印发〈内蒙古自治区农牧业现代化第十三个五年发展规划〉的通知》（内政办发〔2017〕10号）；《内蒙古自治区人民政府办公厅关于印发〈内蒙古自治区林业发展“十三五”规划〉等三个规划的通知》（内政办发〔2017〕40号）；《内蒙古自治区人民政府办公厅关于印发〈内蒙古自治区生态环境保护“十三五”规划〉的通知》（内政办发〔2017〕95号）；《内蒙古自治区人民政府办公厅关于印发自治区能源发展“十三五”规划的通知》（内政办发〔2017〕115号）；《行业用水定额》（DB 15/T385—2020）；《国家发展改革委办公厅关于明确新增国家重点生态功能区类型的通知》（发改办规划〔2017〕201号）。

技术规范。主要包括《环境空气质量标准》（GB 3095—2012）《水域纳污能力计算规程》（GB/T 25173—2010）；《水文调查规范》（SL 196—2015）；《城市综合用水量标准＋条文说明》（SL 367—2006）；《河湖生态环境需水计算规范》（SL/Z 712—2014）；《地表水环境质量标准》（GB 3838—2002）；《地表水资源质量评价技术规程》（SL 395—2007）；《生产建设项目水土流失防治标准》（GB/T 50434—2018）；《生态保护红线划定指南》（环办生态〔2017〕48号）；《水资源可利用量估算方法（试行）》。

第四节

评价结果

总体看，内蒙古103个旗县区中，有19个属于资源环境承载能力超载区，有41个属于资源环境承载能力临界超载区，有43个属于资源环境承载能力不超载区。

资源环境承载能力超载区中，康巴什区、扎赉诺尔区、乌兰浩特市、锡林浩特市、东乌珠穆沁旗5个旗县属于红色预警区，土默特左旗、清水河县、海南区、乌达区、库伦旗、霍林郭勒市、东胜区、达拉特旗、海拉尔区、莫力达瓦达斡尔族自治旗、满洲里市、凉城县、阿巴嘎旗、西乌珠穆沁旗14个旗县属于橙色预警区。

资源环境承载能力临界超载区中，玉泉区、和林格尔县、东河区、昆都仑区、九原区、固阳县、克什克腾旗、翁牛特旗、喀喇沁旗、宁城县、科尔沁左翼中旗、开鲁县、奈曼旗、五原县、四子王旗、科尔沁右翼中旗16个旗县区属于黄色预警区，新城区、回民区、赛罕区、青山区、石拐区、白云鄂博矿区、土默特右旗、海勃湾区、红山区、元宝山区、扎鲁特旗、杭锦旗、乌审旗、新巴尔虎右旗、牙克石市、扎兰屯市、额尔古纳市、乌拉特前旗、乌拉特中旗、集宁区、卓资县、兴和县、察哈尔右翼前旗、丰镇市、阿尔山市25个旗县区属于蓝色预警区。

其余43个旗县区属于绿色无警区（详见表4）。

内蒙古自治区各县级行政区资源环境超载预警等级划分结果　　表4

盟市名称	地区名称	资源利用效率变化指向	污染排放强度变化指向	生态质量变化指向	资源环境损耗过程评价	超载类型划分	资源环境预警等级确定
呼和浩特市	新城区	变化趋良	变化趋良	变化趋差	趋缓型	临界超载	蓝色预警
	回民区	变化趋良	变化趋良	变化趋差	趋缓型	临界超载	蓝色预警
	玉泉区	变化趋良	变化趋差	变化趋差	加剧型	临界超载	黄色预警
	赛罕区	变化趋良	变化趋良	变化趋差	趋缓型	临界超载	蓝色预警
	土默特左旗	变化趋良	变化趋良	变化趋差	趋缓型	超载	橙色预警
	托克托县	变化趋良	变化趋良	变化趋差	趋缓型	不超载	绿色无警
	和林格尔县	变化趋差	变化趋差	变化趋差	加剧型	临界超载	黄色预警
	清水河县	变化趋良	变化趋良	变化趋差	趋缓型	超载	橙色预警
	武川县	变化趋良	变化趋差	变化趋差	加剧型	不超载	绿色无警
包头市	东河区	变化趋差	变化趋良	变化趋差	加剧型	临界超载	黄色预警
	昆都仑区	变化趋差	变化趋良	变化趋差	加剧型	临界超载	黄色预警
	青山区	变化趋良	变化趋良	变化趋差	趋缓型	临界超载	蓝色预警
	石拐区	变化趋良	变化趋良	变化趋差	趋缓型	临界超载	蓝色预警
	白云鄂博矿区	变化趋良	变化趋良	变化趋差	趋缓型	临界超载	蓝色预警
	九原区	变化趋差	变化趋差	变化趋良	加剧型	临界超载	黄色预警
	土默特右旗	变化趋良	变化趋良	变化趋差	趋缓型	临界超载	蓝色预警
	固阳县	变化趋良	变化趋差	变化趋差	加剧型	临界超载	黄色预警
	达尔罕茂明安联合旗	变化趋良	变化趋良	变化趋差	趋缓型	不超载	绿色无警
乌海市	海勃湾区	变化趋良	变化趋良	变化趋差	趋缓型	临界超载	蓝色预警
	海南区	变化趋良	变化趋良	变化趋差	趋缓型	超载	橙色预警
	乌达区	变化趋良	变化趋良	变化趋差	趋缓型	超载	橙色预警

续表

盟市名称	地区名称	资源利用效率变化指向	污染排放强度变化指向	生态质量变化指向	资源环境损耗过程评价	超载类型划分	资源环境预警等级确定
赤峰市	红山区	变化趋良	变化趋良	变化趋差	趋缓型	临界超载	蓝色预警
	元宝山区	变化趋良	变化趋良	变化趋差	趋缓型	临界超载	蓝色预警
	松山区	变化趋良	变化趋良	变化趋差	趋缓型	不超载	绿色无警
	阿鲁科尔沁旗	变化趋良	变化趋差	变化趋差	加剧型	不超载	绿色无警
	巴林左旗	变化趋良	变化趋良	变化趋差	趋缓型	不超载	绿色无警
	巴林右旗	变化趋良	变化趋良	变化趋良	趋缓型	不超载	绿色无警
	林西县	变化趋良	变化趋良	变化趋差	趋缓型	不超载	绿色无警
	克什克腾旗	变化趋良	变化趋差	变化趋差	加剧型	临界超载	黄色预警
	翁牛特旗	变化趋良	变化趋差	变化趋差	加剧型	临界超载	黄色预警
	喀喇沁旗	变化趋良	变化趋差	变化趋差	加剧型	临界超载	黄色预警
	宁城县	变化趋良	变化趋差	变化趋差	加剧型	临界超载	黄色预警
	敖汉旗	变化趋良	变化趋差	变化趋差	加剧型	不超载	绿色无警
通辽市	科尔沁区	变化趋良	变化趋良	变化趋差	趋缓型	不超载	绿色无警
	科尔沁左翼中旗	变化趋良	变化趋差	变化趋差	加剧型	临界超载	黄色预警
	科尔沁左翼后旗	变化趋良	变化趋良	变化趋差	趋缓型	不超载	绿色无警
	开鲁县	变化趋良	变化趋差	变化趋差	加剧型	临界超载	黄色预警
	库伦旗	变化趋良	变化趋良	变化趋差	趋缓型	超载	橙色预警
	奈曼旗	变化趋良	变化趋差	变化趋差	加剧型	临界超载	黄色预警
	扎鲁特旗	变化趋良	变化趋良	变化趋差	趋缓型	临界超载	蓝色预警
	霍林郭勒市	变化趋良	变化趋良	变化趋差	趋缓型	超载	橙色预警
鄂尔多斯市	东胜区	变化趋良	变化趋良	变化趋差	趋缓型	超载	橙色预警
	康巴什区	变化趋差	变化趋良	变化趋差	加剧型	超载	红色预警
	达拉特旗	变化趋良	变化趋良	变化趋差	趋缓型	超载	橙色预警
	准格尔旗	变化趋差	变化趋良	变化趋差	加剧型	不超载	绿色无警
	鄂托克前旗	变化趋良	变化趋良	变化趋差	趋缓型	不超载	绿色无警
	鄂托克旗	变化趋良	变化趋良	变化趋差	趋缓型	不超载	绿色无警
	杭锦旗	变化趋良	变化趋良	变化趋差	趋缓型	临界超载	蓝色预警
	乌审旗	变化趋良	变化趋良	变化趋差	趋缓型	临界超载	蓝色预警
	伊金霍洛旗	变化趋差	变化趋良	变化趋差	加剧型	不超载	绿色无警
呼伦贝尔市	海拉尔区	变化趋良	变化趋良	变化趋差	趋缓型	超载	橙色预警
	扎赉诺尔区	变化趋差	变化趋良	变化趋差	加剧型	超载	红色预警
	阿荣旗	变化趋良	变化趋良	变化趋差	趋缓型	不超载	绿色无警
	莫力达瓦达斡尔族自治旗	变化趋良	变化趋良	变化趋差	趋缓型	超载	橙色预警
	鄂伦春自治旗	变化趋良	变化趋良	变化趋差	趋缓型	不超载	绿色无警

续表

盟市名称	地区名称	资源利用效率变化指向	污染排放强度变化指向	生态质量变化指向	资源环境损耗过程评价	超载类型划分	资源环境预警等级确定
呼伦贝尔市	鄂温克族自治旗	变化趋良	变化趋良	变化趋差	趋缓型	不超载	绿色无警
	陈巴尔虎旗	变化趋良	变化趋良	变化趋差	趋缓型	不超载	绿色无警
	新巴尔虎左旗	变化趋良	变化趋良	变化趋差	趋缓型	不超载	绿色无警
	新巴尔虎右旗	变化趋良	变化趋良	变化趋差	趋缓型	临界超载	蓝色预警
	满洲里市	变化趋良	变化趋良	变化趋差	趋缓型	超载	橙色预警
	牙克石市	变化趋良	变化趋良	变化趋差	趋缓型	临界超载	蓝色预警
	扎兰屯市	变化趋良	变化趋良	变化趋差	趋缓型	临界超载	蓝色预警
	额尔古纳市	变化趋良	变化趋良	变化趋差	趋缓型	临界超载	蓝色预警
	根河市	变化趋良	变化趋良	变化趋差	趋缓型	不超载	绿色无警
巴彦淖尔市	临河区	变化趋良	变化趋良	变化趋差	趋缓型	不超载	绿色无警
	五原县	变化趋差	变化趋差	变化趋良	加剧型	临界超载	黄色预警
	磴口县	变化趋良	变化趋良	变化趋差	趋缓型	不超载	绿色无警
	乌拉特前旗	变化趋良	变化趋良	变化趋差	趋缓型	临界超载	蓝色预警
	乌拉特中旗	变化趋良	变化趋良	变化趋差	趋缓型	临界超载	蓝色预警
	乌拉特后旗	变化趋良	变化趋差	变化趋差	加剧型	不超载	绿色无警
	杭锦后旗	变化趋良	变化趋良	变化趋差	趋缓型	不超载	绿色无警
乌兰察布市	集宁区	变化趋良	变化趋良	变化趋差	趋缓型	临界超载	蓝色预警
	卓资县	变化趋良	变化趋良	变化趋差	趋缓型	临界超载	蓝色预警
	化德县	变化趋良	变化趋良	变化趋差	趋缓型	不超载	绿色无警
	商都县	变化趋良	变化趋良	变化趋差	趋缓型	不超载	绿色无警
	兴和县	变化趋良	变化趋良	变化趋差	趋缓型	临界超载	蓝色预警
	凉城县	变化趋良	变化趋良	变化趋差	趋缓型	超载	橙色预警
	察哈尔右翼前旗	变化趋良	变化趋良	变化趋差	趋缓型	临界超载	蓝色预警
	察哈尔右翼中旗	变化趋良	变化趋良	变化趋差	趋缓型	不超载	绿色无警
	察哈尔右翼后旗	变化趋良	变化趋良	变化趋差	趋缓型	不超载	绿色无警
	四子王旗	变化趋差	变化趋良	变化趋差	加剧型	临界超载	黄色预警
	丰镇市	变化趋良	变化趋良	变化趋差	趋缓型	临界超载	蓝色预警
兴安盟	乌兰浩特市	变化趋良	变化趋差	变化趋差	加剧型	超载	红色预警
	阿尔山市	变化趋良	变化趋良	变化趋差	趋缓型	临界超载	蓝色预警
	科尔沁右翼前旗	变化趋良	变化趋良	变化趋差	趋缓型	不超载	绿色无警
	科尔沁右翼中旗	变化趋良	变化趋差	变化趋差	加剧型	临界超载	黄色预警
	扎赉特旗	变化趋良	变化趋良	变化趋差	趋缓型	不超载	绿色无警
	突泉县	变化趋良	变化趋差	变化趋差	加剧型	不超载	绿色无警

续表

盟市名称	地区名称	资源利用效率变化指向	污染排放强度变化指向	生态质量变化指向	资源环境损耗过程评价	超载类型划分	资源环境预警等级确定
锡林郭勒盟	二连浩特市	变化趋良	变化趋良	变化趋差	趋缓型	不超载	绿色无警
	锡林浩特市	变化趋良	变化趋差	变化趋差	加剧型	超载	红色预警
	阿巴嘎旗	变化趋良	变化趋良	变化趋差	趋缓型	超载	橙色预警
	苏尼特左旗	变化趋差	变化趋良	变化趋差	加剧型	不超载	绿色无警
	苏尼特右旗	变化趋差	变化趋差	变化趋差	加剧型	不超载	绿色无警
	东乌珠穆沁旗	变化趋良	变化趋差	变化趋差	加剧型	超载	红色预警
	西乌珠穆沁旗	变化趋良	变化趋良	变化趋差	趋缓型	超载	橙色预警
	太仆寺旗	变化趋良	变化趋差	变化趋差	加剧型	不超载	绿色无警
	镶黄旗	变化趋良	变化趋差	变化趋差	加剧型	不超载	绿色无警
	正镶白旗	变化趋良	变化趋良	变化趋差	趋缓型	不超载	绿色无警
	正蓝旗	变化趋良	变化趋良	变化趋差	趋缓型	不超载	绿色无警
	多伦县	变化趋良	变化趋差	变化趋差	加剧型	不超载	绿色无警
阿拉善盟	阿拉善左旗	变化趋良	变化趋差	变化趋差	加剧型	不超载	绿色无警
	阿拉善右旗	变化趋差	变化趋良	变化趋差	加剧型	不超载	绿色无警
	额济纳旗	变化趋差	变化趋差	变化趋差	加剧型	不超载	绿色无警

第三章

总体要求

第一节
指导思想

全面贯彻党的十九大精神，深入贯彻习近平总书记系列重要讲话精神和治国理政新理念新思想新战略，紧紧围绕统筹推进“五位一体”总体布局和协调推进“四个全面”战略布局，牢固树立和践行“绿水青山就是金山银山”的理念，坚定不移落实主体功能区战略和制度，实施差异化的管控与管理措施，引导和约束各地像对待生命一样对待生态环境、按照资源环境承载能力开展各类开发活动，为构建开发秩序规范、开发强度合理、开发可持续的国土空间格局奠定坚实基础。

第二节
基本原则

坚持定期评估与实时监测相结合。针对不同区域资源环境承载能力状况，定期开展全域和特定区域评估，实时监测重点区域动态，提高监测预警效率。

坚持设施建设与制度建设相结合。结合资源环境承载能力监测预警需求，既强化相关基础设施建设，又着力完善配套政策和创新体制机制，增强监测预警能力。

坚持从严管制与有效激励相结合。针对不同资源环境超载类型，因地制宜制定差异化、可操作的管控制度，既限制资源环境恶化地区，又激励资源环境改善地区，提高监测预警水平。

坚持政府监管与社会监督相结合。注重统分结合、上下联动、整体推进，强化政府监管能力，鼓励社会各方积极参与，充分发挥社会监督作用，形成监测预警合力。

第四章

管控政策

各有关部门要按照职责分工，抓紧制定各单项监测能力建设方案，完善监测站网布设，加强数据信息共享；加快出台财政、投资、产业、生态、土地、人口等细化配套政策，明确具体措施和责任主体，切实发挥资源环境承载能力监测预警的引导约束作用。

第一节

财政政策

分类实施综合奖惩措施。对红色预警区以及资源环境承载能力预警等级降低地区实行取消或减少财政转移支付资金。对绿色无警区以及资源环境承载能力预警等级提高的地区实行增加财政转移支付资金。对从临界超载恶化为超载的地区，参照红色预警区综合配套措施进行处理；对从不超载恶化为临界超载的地区，参照超载地区水资源、土地资源、环境、生态等单项管控措施酌情进行处理，必要时可参照红色预警区综合配套措施进行处理；对从超载转变为临界超载或者从临界超载转变为不超载的地区，实施不同程度的奖励性措施。

建立完善的财政补偿制度。对绿色无警区，建立多元化补偿资金来源渠道，完善资金补偿、财政转移支付、实物补偿、智力补偿等多样化的生态补偿途径。研究探索以地方补偿为主、上级财政支持为辅的横向生态保护补偿机制办法。鼓励受益地区与保护生态地区、流域下游与上游通过资金补偿、对口协作、产业转移、人才培训、共建园区等方式建立横向补偿关系。鼓励在具有重要生态功能、水资源供需矛盾突出、受各种污染危害或威胁严重的典型区域开展横向生态保护补偿试点。

构建绿色金融体系。建立绿色金融财政贴息政策，完善财政贴息机制，鼓励绿色贷款。财政、发改部门应与银行监管部门和金融机构合作，制订科学、有效、便捷的绿色项目贴息计划，既支持治污改造项目，又支持新兴绿色产业，通过财政补贴、税收减免、持续的政府采购方式推动绿色增长。支持建立绿色贷款担保机制，鼓励信用担保机构加大对绿色项目贷款的担保力度，支持开展排污权、收费权、集体林权、特许经营权、购买服务协议预期收益等担保创新类贷款业务，探索利用工程污水垃圾处理等预期收益质押贷款，允许利用相关收益作为还款来源。鼓励发起设立绿色发展基金，建立有政府参与的绿色产业基金。

积极争取中央财政支持。考虑内蒙古自治区作为生态安全屏障和京津冀防护网的特殊区位以及支出成本较高的差异因素，通过提高均衡性转移支付系数等方式，逐步增加对我区的重点生态功能区转移支付。争取中央预算内投资对重点生态功能区内的基础设施和基本公共服务设施建设予以倾斜。同时完善自治区对下转移支付制度，建立自治区级生态保护补偿资金投入机制，加大对重点生态功能区域的支持力度，重点支持用于生态红线区域的环境保护、生态修复和生态补偿。

第二节

投资政策

加大投资监管力度。对红色预警区或资源环境承载能力预警等级降低地区，针对超载或导致承载能力下降的因素实施最严格的区域限批或缓批。对情节严重地区，实行城镇建设用地减量化，依法暂停办理相关行业领域新建、改建、扩建项目审批手续。因产业原因导致资源环境承载能力预警等级降低或超载的地区，明确超载产业退出的时间表。

加强企业投资监管。对已经严重破坏资源环境承载能力、违法排污破坏生态资源的企业，依法限制生产、停产整顿，并依法依规采取罚款、责令停业、关闭以及将相关责任人行政拘留等措施从严惩处，构成犯罪的依法追究刑事责任。探索企业投资项目承诺制，形成以政策性条件引导、企业信用承诺、监管有效约束为核心的管理模式。建立企业投资项目管理负面清单制度、企业投资项目管理权力清单制度和企业投资项目管理责任清单制度，形成“三个清单”动态管理机制。

完善政府投资体制机制。科学界定政府投资范围，政府投资以绿色、低碳项目为主，原则上不支持资源消耗大的项目，支持投向市场不能有效配置资源的社会公益服务、公共基础设施、农业农村、生态环境保护和修复、重大科技进步、社会管理、国家安全等公共领域的项目。政府投资按项目安排，以直接投资方式为主，在明确资源环境承载能力的基础上平等对待各类投资主体，对确需支持的经营性项目，主要采取资本金注入方式投入，也可适当采取投资补助、贷款贴息等方式进行引导。

加强规划政策引导。构建更加科学、更加完善、更具操作性的行业准入标准体系，加快制定修订能耗、水耗、用地、碳排放、污染物排放、安全生产等技术标准，实施能效和排污强度“领跑者”制度。健全监管约束机制，按照谁审批谁监管、谁主管谁监管的原则，加强项目建设全过程监管，推进各有关部门监管工作标准具体化、公开化，依法纠正和查处违法违规投资建设行为，建立异常信用记录和严重违法失信“黑名单”，强化并提升政府和投资者的契约精神和诚信意识，确保投资建设市场安全高效运行。

第三节

产业政策

建立差别化精准化产业政策。超载地区严格施行土地资源、水资源、生态环境和能源资源和矿产资源一票否决制，对于超载并使得某一环境要素承载力出现趋差的，结合相应主体功能区产业政策，调整相应产业指导目录，以产业负面清单为指导，全面提升相关产业准入标准，严格禁止在国家和自治区现有产业标准下的产业进入。临界超载地区以自治区主体功能区相关现行产业政策为准，结合资源环境承载力，因地制宜适度调整相应产业指导目录与产业发展标准。不超载地区优先布局同一功能区内的重点项目和优先支持的产业。

加快绿色产业发展。进一步完善绿色低碳产业扶持政策，在资源环境整体承载力的范围内发展具有地区特色的生态产业，以生态产业的发展进一步助推生态建设与环境保护。实施产业绿色化战略，促进环境资源优化配置，重点发展生态工业、循环农牧业、绿色服务业，推动经济转型升级。大力发展新能源、新材料、节能环保、生物医药、电子信息和高端制造等战略性新兴产业，建议政府设立战略性新兴产业发展引导资金和发展资金，重点扶持新兴产业。

建立产业政策动态预警调整机制。在综合考量历史数据、现有市场和可以预见的未来市场的基础上，探索建立产业政策分析模型和相关数据库，预测某一产业规模大小的量化空间，用定量分析替代目前政府习惯的“定性指导”，定期向社会公布，以避免投资者基于不充分的信息所做的判断，而误撞入产业“陷阱”。同时要立足资源环境承载力预警情况，结合监测过程中出现的问题，建立产业政策优化方向和内容的动态调整机制，以推动产业政策与资源环境承载力预警机制相适应的激励与约束机制的良性运转。

第四节

生态环境政策

实施好生态管控措施。加强对山水林田湖草等自然生态系统的保护，在具有水源涵养、生物多样性维护、水土保持、防风固沙等生态功能重要区域，以及水土流失、土地沙化、盐碱化等生态环境敏感区划定生态保护红线，实施最严格的保护措施，最大程度地保障整体生态安全。对生态超载地区，制定限期生态修复方案，实行更严格的定期精准巡查制度，必要时实施生态移民搬迁，对生态系统严重退化地区实行封禁管理，促进生态系统自然修复；对临界超载地区，加密监测生态功能退化风险区域，科学实施山水林田湖草系统修复治理，合理疏解人口，遏制生态系统退化趋势；对不超载地区，建立生态产品价值实现机制，综合运用投资、财政、金融等政策工具，支持绿色生态经济发展。

加大环境保护力度。对环境超载地区，率先执行排放标准的特别排放限值，规定更加严格的排污许可要求，实行新建、改建、扩建项目重点污染物排放加大减量置换，暂缓实施区域性排污权交易；对临界超载地区，加密监测敏感污染源，实施严格的排污许可管理，实行新建、改建、扩建项目重点污染物排放减量置换，采取有效措施严格防范突发区域性、系统性重大环境事件；对不超载地区，实行新建、改建、扩建项目重点污染物排放等量置换。

强化合理利用水资源。对水资源超载地区，暂停审批建设项目新增取水许可，制定并严格实施用水总量削减方案，对主要用水行业领域实施更严格的节水标准，退减不合理灌溉面积，落实水资源费差别化征收政策，积极推进水资源税改革试点；对临界超载地区，暂停审批高耗水项目，严格管控用水总量，加大节水和非常规水源利用力度，优化调整产业结构；对不超载地区，严格控制水资源消耗总量和强度，强化水资源保护和入河排污监管。

第五节

土地政策

分类施策。对土地资源超载旗县，原则上不新增建设用地指标，实行城镇建设用地零增长，严格控制各类新城新区和开发区设立，对耕地、草原资源超载地区，研究实施轮作休耕、禁牧休牧制度，禁止耕地、草原非农非牧使用，大幅降低耕地施药施肥强度和畜禽粪污排放强度。对临界超载地区，严格管控建设用地总量，逐步提高存量土地供应比例，用地指标向基础设施和公益项目倾斜，严格限制耕地、草原非农非牧使用。对不超载地区，鼓励存量建设用地供应，巩固和提升耕地质量，实施草畜平衡制度。

提升农牧业、工业、城镇化等土地承载能力。严守耕地、草牧场红线，确保基本农田、基本草原面积不减少，保证人均耕地、草牧场占有量维持在较高水平，提升土地农畜产品承载力。构建以大城市为依托、以中小城市为重点，促进形成大中小城市和小城镇协调发展的城市体系，防止特大城市面积过度扩张，差别化确定不同地区城市建设空间人均合理需求标准。根据自治区产业发展协调的战略部署，确定未来各类工业产业建设空间总体需求规模和节约集约利用程度，科学确定工业产业发展空间规模、结构和布局。

第六节

人口政策

资源环境承载力不超载的地区，要推动人口由限制开发区域、禁止开发区域向重点开发区域迁移，同时优化限制开发区域、禁止开发区域内部的人口布局，在资源环境承载力允许的情况下从事适当的产业活动。重点开发区稳定人口低生育率，放开户籍限制，推动产城融合发展，提高公共服务水平，通过综合改革，提高吸纳外来人口的能力和动力。限制开发区或禁止开发区稳定并进一步降低人口增长或实现负增长，通过鼓励迁往重点开发区从事非农产业、生态移民等手段，鼓励人口外迁，以使得人口承载量限制在承载限度内。

资源环境超载、临界超载地区内的重点开发区要适当控制人口总体规模，推动城镇体系建设，优化区域内部人口布局，疏散非核心功能，保持人口流动动态平衡，提高资源集约利用效率，优化环境承载方式。限制开发区或禁止开发区要严格控制人口迁入，提高外出就业能力，倡导绿色生产、生活方式，引导和鼓励人口向资源环境不超载的重点开发区域迁移。

第五章

保障机制

第一节

加强组织领导

自治区发展改革委要加强对资源环境承载能力监测预警工作的统筹协调。重大事项和主要成效等要及时向自治区党委、政府报告。盟市、旗县党委和政府要高度重视资源环境承载能力监测预警工作，建立主要领导总负责的协调机制，适时发布本地区资源环境承载能力监测预警报告，制定实施限制性和激励性措施，强化监督执行，确保实施成效。

第二节

提升技术支持能力

建立多部门监测站网协同布局机制，重点加强薄弱环节和旗县监测网点布设，实现资源环境承载能力监测网络自治区全覆盖。规范监测、调查、普查、统计等分类和技术标准，建立分布式数据信息协同服务体系，加强历史数据规范化加工和实时数据标准化采集，健全资源环境承载能力监测数据采集、存储与共享服务体制机制。整合集成各有关部门资源环境承载能力监测数据，建设监测预警数据库，运用云计算、大数据处理及数据融合技术，实现数据实时共享和动态更新。基于各有关部门相关单项评价监测预警系统，搭建资源环境承载能力监测预警智能分析与动态可视化平台，实现资源环境承载能力的综合监管、动态评估与决策支持。建立资源环境承载能力监测预警政务互动平台，定期向社会发布监测预警信息。综合多学科优势力量，建立专家人才库，组织开展技术交流培训，提升资源环境承载能力监测预警人才队伍专业化水平。

第三节

完善运行机制

运用资源环境承载能力监测预警信息技术平台，结合国土普查每 5 年同步组织开展一次全区性资源环境承载能力评价，每年对临界超载地区开展一次评价，实时对超载地区开展评价，动态了解和监测预警资源环境承载能力变化情况。资源环境承载能力监测预警综合评价结论，要根据各类评价要素及其权重综合集成得出，并经有关部门共同协商达成一致后对外发布。各单项评价结论要与综合评价结论以及其他相关单项评价结论协同校验后对外发布。全区和区域性资源环境承载能力监测预警评价结论，要与自治区级和盟市、旗县级行政区资源环境承载能力监测预警评价结论进行纵向会商、彼此校验，完善指标和阈值设计，准确解析超载成因，科学设计限制性和鼓励性配套措施，增强监测预警的有效性和精准性。建立突发资源环境警情应急协同机制，对重要警情协同监测、快速识别、会商预报。

第四节

强化结果应用

编制实施经济社会发展总体规划、专项规划和区域规划，要依据不同区域的资源环境承载能力监测预警评价结论，科学确定规划目标任务和政策措施，合理调整优化产业规模和布局，引导各类市场主体按照资源环境承载能力谋划发展。编制空间规划，要先行开展资源环境承载能力评价，根据监测预警评价结论，科学划定空间格局、设定空间开发目标任务、设计空间管控措施，并注重开发强度管控和用途管制。将资源环境承载能力纳入自然资源及其产品价格形成机制，构建反映市场供求和资源稀缺程度的价格决策程序。

将资源环境承载能力监测预警评价结论纳入领导干部绩效考核体系，将资源环境承载能力变化状况纳入领导干部自然资源资产离任审计范围。对资源环境承载力监管不力的政府部门负责人及相关责任人，根据情节轻重实施行政处分直至追究刑事责任。对在生态环境和资源方面造成严重破坏负有责任的干部，不得提拔任用或者转任重要职务，视情况给予诫勉、责令公开道歉、组织处理或者党纪政纪处分。红色预警区旗县政府要根据超载因素制定系统性减缓超载程度的行动方案，限期退出红色预警区。

第五节

加大监督力度

建立政府与社会协同监督机制，自治区发展改革委会同有关部门和地方政府通过书面通知、约谈或者公告等形式，对超载地区、临界超载地区进行预警提醒，督促相关地区转变发展方式，降低资源环境压力。超载地区要根据超载状况和超载成因，因地制宜制定治理规划，明确资源环境达标任务的时间表和路线图。开展超载地区限制性措施落实情况监督考核和责任追究，对限制性措施落实不力、资源环境持续恶化地区的政府和企业等，建立信用记录，纳入自治区信用信息共享平台，依法依规严肃追责。开展资源环境承载能力监测预警评价、超载地区资源环境治理等，要主动接受社会监督，发挥媒体、公益组织和志愿者作用，鼓励公众举报资源环境破坏行为。加大资源环境承载能力监测预警的宣传教育和科学普及力度，保障公众知情权、参与权、监督权。

专题 1

内蒙古资源环境承载力财政政策研究

建设生态文明要以资源环境承载能力为基础，以自然规律为准则，以可持续发展、人与自然和谐为目标，建设生产发展、生活富裕、生态良好的文明社会。提升资源环境承载能力既是实施主体功能区战略的绩效标准，也是深化生态文明体制改革的题中之义，直接关系美丽中国建设、关乎中华民族永续发展。财政是国家治理的基础和重要支柱，财政政策是实现宏观调控的重要工具，是与发展规划、金融政策并列三大经济宏观管理政策之一，在提升资源环境承载能力上发挥着政策导向、资金扶持、管理保障的作用。建立健全与资源环境承载能力匹配度高的财政政策，完善有利于生态文明建设的财政转移支付和税费等制度体系，将有效提升资源环境承载能力，促进经济社会持续健康发展。

一、资源环境承载力财政政策研究必要性

（一）健全资源环境承载力财政政策是落实主体功能区战略的客观要求

2010年底，国务院印发了全国主体功能区规划。根据国家统一部署，2012年7月自治区政府编制出台了《内蒙古自治区主体功能区规划》，明确了自治区各类主体功能区范围、功能定位、发展方向和管制要求，提出要适应主体功能区要求，加大均衡性转移支付力度。为了推进《内蒙古自治区主体功能区规划》实施，2015年1月，自治区政府又制定印发了《关于自治区主体功能区规划的实施意见》，明确了不同主体功能区差别化的产业、财政、投资、土地、环保、水资源、人口政策。其中财政政策主要是财政转移支付政策，总体取向是逐步实现不同主体功能区之间基本公共服务接近均等化，并提出要逐步完善财政转移支付政策，在分配一般转移支付时，给予主体功能区建设试点示范地区适度倾斜，制定自治区重点生态功能区财政转移支付的相关标准和实施细则。2015年，《中共中央 国务院关于加快推进生态文明建设的意见》中多次提及资源环境承载力，要求树立底线思维，设定并严守资源消耗上限、环境质量底线、生态保护红线，将各类开发活动限制在资源环境承载能力之内，并要求按照资源环境承载力编制各空间主体功能区规划。由此可见，随着主体功能区战略的实施，主体功能区政策取向也逐步由追求下限的公共服务均等化向统筹注重追求上限的资源环境承载力转变，逐步由关注人的发展向统筹关注人与自然和谐共存转变。因此，随之而来的财政政策也应由更注重向公共服务投入转向协同支持资源环境管控转变，通过财政调控方式聚集更多资金和资源等要素，按照不同的功能分类，有步骤、有力度地向水、土地、空气等自然资源管控投入，以确保经济社会发展活动严守资源消耗上限、环境质量底线、生态保护红线，将各类开发活动限制在资源环境承载能力之内。

（二）健全资源环境承载力财政政策是纵深推进财税体制改革的客观要求

自2013年党的十八届三中全会吹响改革号角以来，财税体制改革作为全面深化改革的支柱，紧紧围绕预算制度、税收制度、财权与事权划分三大改革任务，纵深推进健全预算体系、全面实施营改增、资源税从价计征改革、环境保护费改税等“四梁八柱”性改革任务，改革成效显著。党的十九大明确提出要加快建立现代财政制度，并进一步明确了深化财税体制改革的目标要求和主要任务，提出建立权责清晰、财力协调、区域均衡的中央和地方财政体系；建立全面规范透明、编撰科学、约束有力的预算制度；深化税收制度改革，健全地方税体系。围绕这一总体改革目标，一批实打实的改革措施亟待落地，这也客观要求对包括资源环境承载力在内的专项财政政策予以重新审视，并按照新要求作出相应调整。预算制度改革方面，十八届三中全会以来中央反复强调要对重点支出根据推进改革的需要和确需保障的内容统筹安排，优先保障，不再采取先确定支出总额再安排具体项目的办法；逐步取消排污费、探矿权和采矿权价款、矿产资源补偿费等专款专用的规定；完

善一般性转移支付增长机制，增加一般性转移支付规模和比例，逐步将一般性转移支付占比提高到60%以上；规范专项转移支付项目设立，严格控制新增项目和资金规模，建立健全专项转移支付定期评估和退出机制。税收制度改革方面，随着作为我国第一部推进生态文明建设的单行税法——环境保护税法的出台，包括资源税、环保税等在内的“绿色税收”步伐不断加快，2016年起已全面实施资源税改革，并将逐步对水、森林、草场、滩涂等自然资源开征资源税。同时2018年起将实施环保费改税，并授权地方有关权限，在权限范围之内确定具体的税额。财权和事权划分方面，《国务院关于推进中央与地方财政事权和支出责任划分改革的指导意见》（国发〔2016〕49号），明确要求条件成熟时，将全国范围内环境质量监测和对全国生态具有基础性、战略性作用的生态环境保护等基本公共服务，逐步上划为中央的财政事权；对受益范围较广、信息相对复杂的财政事权，如环境保护与治理等，根据财政事权外溢程度，由中央和地方按比例或中央给予适当补助方式承担支出责任。无论是预算管理制度改革，还是税收制度改革，或是财权与事权划分，这些新精神、新理念客观上也对资源环境承载力财政政策提出了新要求新部署，迫切需要研究制定符合财税体制改革方向，适应财税经济新形势、新要求的政策制度体系。

（三）健全资源环境承载力财政政策是主动适应政府投入方式改革的客观要求

资源环境容量有赖于基础设施建设保障，直接或间接影响并决定着资源环境承载力的大小，而资源环境类基础设施建设很大程度上又需要持续不断的财政投入。近年来特别是十八届三中全会以来，资源环境基础设施建设投入面临的政策环境也发生了较大变化，特别是全面明确提出要清理、整合、规范专项转移支付项目，逐步取消竞争性领域专项。随后，国务院又印发了《国务院关于深化预算管理制度改革的决定》（国发〔2014〕45号），明确要求对竞争性领域的专项转移支付逐一进行甄别排查，凡属“小、散、乱”以及效用不明显的要坚决取消，其余需要保留的也要予以压缩或实行零增长，并改进分配方式，减少行政性分配，引入市场化运作模式。之后，国务院下发的《国务院关于改革和完善中央对地方转移支付制度的意见》（国发〔2014〕71号）和《国务院关于印发推进财政资金统筹使用方案的通知》（国发〔2015〕35号）一再强调，要对保留的具有一定外部性的竞争性领域专项，逐步改变行政性分配方式，主要采取基金管理等市场化运作模式。与此同时，党中央和国务院持续加强地方政府债务管理，坚持“开前门、堵后门”的改革思路，出台了一系列针对性措施，扎紧了政府举借债务的口子。2014年出台的《国务院关于加强地方政府性债务管理的意见》（国发〔2014〕43号）规定：政府债务不得通过企业举借，企业债务不得推给政府偿还，切实做到谁借谁还、风险自担。2015年1月1日起实施的新修订的《中华人民共和国预算法》规定，除发行地方政府债券外，地方政府及其所属部门不得以任何方式举借债务，并要求剥离融资平台政府融资职能，推进具有现金流的平台实行市场化运作，坚决制止地方政府违法违规融资担保行为，堵住各种不规范渠道。2017年以来，财政部已陆续曝光并问责了包括内蒙古自治区交通厅违规假借政府购买服务方式违规举债在内的数起地方违法违规举债案例，财政部等6部委下发了《关于进一步规范地方政府举债融资行为的通知》(财预〔2017〕50号)和财政部《关于坚决制止以政府购买服务名义违法违规举债的通知》(财预〔2017〕87号),对地方变相举债行为提出了限期整改要求。在堵后门的同时,国家大力推进市场化投融资改革。2014年,国务院出台的《国务院关于创新重点领域投融资机制鼓励社会投资的指导意见》(国发〔2014〕60号),围绕水利工程、市政基础设施、能源设施、信息等重点领域创新融资方式,就建立健全政府和社会资本合作(PPP)机制、探索创新信贷服务、支持重点领域建设项目开展股权和债权融资、发挥政策性金融机构作用、发展支持重点领域建设的投资基金等融资渠道提出了具体意见。2015年,《国务院办公厅转发财政部 发展改革委 人民银行关于在公共服务领域推广政府和社会资本合作模式的指导意见的通知》(国办发〔2015〕42号),明确提出在能源、交通运输、水利、市政等公共服务领域,广泛采用政府和社会资本合作模式,吸引社会资本参与公共产品和公共服务项目的投资。2016年,中共中央、国务院出台了《中共中央 国务院关于深化投融资体制改革的意见》(中发〔2016〕18号),这是第一次以党中央、国务院名义出台专门针对投融资体制改革的文件,对于深化投融资体制改革具有重要指导意义。意见提出,可依法发起设立基础设施建设基金、公共服务发展基金、住房保障发展基金等各类基金,充分发挥政府资金的引导作用和放大效应。2017年,财政部等3部委下发的《关于规范开展政府和社会资本合作项目资产证券化有关事宜的通知》,明确项目公司、项目公司股东、支持项目公司其他主体均可开展资产证券化。由此可见,在严格防范政府性债务风险的原则下,在充分发挥政府引导作用的基础上,积极运用当前中央倡导的地方政府一般债券和专项债券、专项建设基金等政府面向市场融资方式,以及政府投资基金、政府与社会资本合作、政府购买服务、市场化融资平台等政府吸引社会融资方式,以弥补政府性资源环境基础设施投资不足,防范金融风险,扩大有效投资,进而提升资源环境承载力,已成为亟待破解的长期课题。

二、基于提升资源环境承载力的财政能力分析

(一)全区财政总体运行基础分析

财政运行特别是财政收支情况是制定和完善财政政策的基础和前提,也是完善资源环境承载力财政政策的基础条件。总的来看,全区一般公共预算收入虽总体呈平稳增长态势,但增速逐年下降,特别是旗县财政收入回落较大,保障资源环境的能力有所下降;全区一般公共预算支出规模虽总体增加,但支出增速波动回落,财政自给率保持在50%左右。

从收入上看,2013年以来,伴随着自治区经济稳中向好、稳中有进、稳中提质,全区一般公共预算收入规模大体保持平稳,2013—2017年,全区一般公共预算收入总量虽一直稳居全国中游,但受财政虚增空转影响,2017年财政收入较2013年下降17.6亿元。2013—2016年,全区一般公共预算收入占GDP比重由10%上升至11%左右,提高了1个

百分点。但稳中有忧的是，受资源性产品量价齐跌等影响，传统能源行业对财政收入的贡献持续下降，新兴产业正处在发展壮大阶段，加之全面推开营改增、取消部分行政事业性收费等大幅减税降费因素，全区收入增幅大幅回落，2013—2017 年年均增长 6.8%，比前五年年均增速 25.8%低 19 个百分点；增量由 2012 年的 196.1 亿元逐年回落至 2017 年的－313 亿元，增速减少 17 个百分点（表 1-1）。

2012—2017 年一般公共预算收入情况表　　表 1-1

年份(年)	收入(亿元)	增量(亿元)	增速(%)	全国排名
2012	1552.7	196.1	14.5	18
2013	1721	168.2	10.8	17
2014	1843.7	122.7	7.1	19
2015	1964.5	120.8	6.1	19
2016	2016.4	51.9	2.6	18
2017	1703.4	－313	－14.4	21

2013—2017 年，全区税收收入增速逐年下降，2017 年仅为－1%，但受财政“挤水分”影响，税收收入占一般公共预算收入的比重反而从 70.6%提高到 75.6%。与经济发展高度关联的五大税种（增值税、营业税、企业所得税、个人所得税、资源税）超低速增长或负增长，五大税种占税收收入比重由 66.7%下降至 53%，而土地类税收（城镇土地使用税、耕地占用税、土地增值税、契税）大幅增长，占税收收入比重居高不下，2016 年最高达到 35.4%，部分地区土地财政的特点明显。2016 年下半年以来，随着经济形势的好转，特别是煤炭等资源性产品价格回升，以及企业效益的好转，税收收入增幅由负转正，特别是国内增值税、企业所得税、资源税收入大幅增加。2017 年，全区税收收入增长－1%，其中五大税种收入增幅达到 31.4%，占税收收入比重提高至 53%，较上年下降 1 个百分点，且收入月均入库均衡，自治区经济呈现稳中向好态势明显。但是从中也可看到，全区一般公共预算收入增量和增速逐年下降，2017 年全区一般公共预算收入增量由 2012 年的 196.1 亿元下降到－313 亿元，增速由 2012 年的 14.5%逐年回落，2013 年、2014 年和 2015 年分别回落至 10.8%、7.1%和 6.1%，2016 年更是回落至 2.6%，2017 年回落至－14.4%，较 2012 年回落了 28.9 个百分点。由此可见，支持提升资源环境承载力的财政收入增长放缓，单纯依赖财政投入增加提升资源环境承载力的基础并不牢固，具有一定的局限性和不可持续性（表 1-2）。

2012—2017 年税收收入结构变化情况表　　表 1-2

年份(年)	税收(亿元)	增速(%)	五大主体税种			土地类税收		
			收入(亿元)	增速(%)	占税收收入比重(%)	收入(亿元)	增速(%)	占税收收入比重(%)
2012	1119.9	13.6	798	9.3	71.3	203.3	35.3	18.2
2013	1215.2	8.5	810.3	1.5	66.7	274.6	35.1	22.6

续表

年份（年）	税收（亿元）	增速（%）	五大主体税种			土地类税收		
			收入（亿元）	增速（%）	占税收收入比重（%）	收入（亿元）	增速（%）	占税收收入比重（%）
2014	1251.1	3	735.6	−9.2	58.8	385.1	40.2	30.8
2015	1320.8	5.6	737.2	0.2	55.8	452.1	17.4	34.2
2016	1335.9	1.1	723.5	−1.9	54.2	472.5	4.5	35.4
2017	1287.1	−1	903	31.4	53	291.8	−19.5	24.2

从支出上看，随着财政收入的逐年增加，以及全面争取中央政策、项目和资金支持，自治区支出规模不断扩大，2013—2016 年全区一般公共预算支出从 3686.5 亿元增加到 4512.7 亿元，年均增长 7.1%，比前五年年均增长 25.9%低 18.8 个百分点。同时，财政支出进度更加均衡，四季度支出规模占全年支出规模比重由 2013 年的 37.1%逐年下降至 2017 年的 24.2%，年底突击支出的情况明显好转。但由于自治区财政收入增幅回落，以及中央对地方转移支付增幅的下降，自治区支出增速呈现下降趋势，从 2013 年的 7.6%下降至 2016 年的 6.1%。但也要看到，自治区财政支出对中央转移支付的依赖程度依然较高，上级补助占一般公共预算支出比重在 50%左右。因此，提升资源环境承载力既要做大做强地方财政收入、增强财政供给，也要积极对上争取、扩大外部财政收入，全方位强化财政对资源环境承载力的保障能力（表 1-3）。

2012—2016 年一般公共预算支出情况表　　表 1-3

年份（年）	支出（亿元）	增速（%）	四季度支出（亿元）	占全年支出比重（%）	中央转移支付（亿元）	财政自给率（%）
2012	3426	14.6	1238.6	36.2	1748.7	51
2013	3686.5	7.6	1367.5	37.1	1780.1	48.3
2014	3880.0	5.2	1329.0	34.3	1879.3	48.4
2015	4253.0	9.6	1234.5	29.0	2135.5	50.2
2016	4512.7	6.1	1156.0	25.6	2376.2	52.7

2013—2016 年，在财政收入增长放缓的情况下，全区各级财政保障民生的力度不减，占支出总规模的比重始终保持在 60%以上，其中 2015 年达到最高的 66.5%，2016 年民生支出占比规模较 2012 年增加 1.9 个百分点。但从增速看，除 2015 年保持两位数增长外，其余年份均为个位数增长，保持在 7%左右。全区民生支出累计达 10550.4 亿元，年均增长 8%左右，高于一般公共预算支出年均增长率近 1 个百分点。其中，节能环保支出由 131.6 亿元增加至 2016 年的 159.3 亿元，年均增长 4.9%，增速位居八项民生支出的第 5 位，低于民生平均增速 3 个百分点；农林水事务支出由 2012 年的 450.8 亿元增加至 2016 年的 729 亿元，年均增速达到 12.8%，高于民生支出年均增速 4.9 个百分点；教育支出由 2012 年的 440 亿元增加至 2016 年的 554.5 亿元，年均增长 6%；

社会保障和就业支出由2012年的435.5亿元增加至2016年的642亿元，年均增速达到10.2%；医疗卫生支出由2012年的177.9亿元增加至2016年的285.8亿元，年均增速达到12.6%。由此可见，提升资源环境承载力最重要的两项支出，节能环保支出较慢，而农林水支出则相对较快（表1-4）。

2012—2016年民生支出明细情况表（单位：亿元）　　表1-4

项目	2012年	2013年	2014年	2015年	2016年	年均增长(%)
合计	2189	2311.7	2440.1	2828.7	2969.9	7.9
教育	440	456.9	477.8	536.5	554.5	6.0
文化体育与传媒	87.2	88	91.9	95.8	89.2	0.6
社会保障和就业	435.5	491	531.8	605.3	642	10.2
医疗卫生	177.9	212.4	227.8	257.1	285.8	12.6
节能环保	131.6	132.1	142.8	175.2	159.3	4.9
农林水事务	450.8	466.6	517.7	675.6	729	12.8
交通运输	301.2	295.2	292.7	292.8	299.4	−0.1
住房保障支出	164.8	169.5	157.6	190.4	210.7	6.3

（二）不同主体功能区财政运行基础分析

1. 不同主体功能区人均一般公共预算收入情况分析。人均一般公共预算收入客观上可以反映一个地区经济发展水平，是经济发展的晴雨表，也能从一个侧面反映出不同主体功能区的发展定位。党的十八大以来，全区各旗县人均一般公共预算收入逐年增长，2016年人均一般公共预算收入达到5296元，较2012年增加1677元，增速达到46.3%。从不同功能区域看，重点开发区人均一般公共预算收入总体保持增长趋势，经济发展水平最高，2016年人均一般公共预算收入水平由2012年的11120元增加到12693元，增加1573元，增速达到14.1%，较同时期全部旗县增幅低32.2个百分点。其水平与全部旗县平均水平相比，最高时（2012年）高了207.26%，但之后逐年回落至139.67%，这表明重点开发区仍是经济增长的主力军，但与全区平均水平的差距逐渐被拉小，领头雁效益有所减弱；重点生态功能区次之，2016年人均一般公共预算收入水平由2012年的3419元增加到4216元，增加797元，增速达到23.3%，较同时期全部旗县增幅低23个百分点，其水平一直低于全部旗县平均水平，并且差距不断拉大，2016年时由2012年的−5.52%拉大到−20.39%。这表明重点生态功能区的经济发展逐年弱化，但仍高于农产品主产区。农产品主产区最低，2016年人均一般公共预算收入水平由2012年的2529元增加到3336元，增加807元，增速达到31.9%，在三类功能区中最高，但较同时期全部旗县增幅低14.4个百分点。其水平一直低于全部旗县平均水平，并且差距不断拉大，2016年时由2012年的−30.11%拉大到−37%，这从侧面表明农产品主产区经济发展相对全区而言有所放缓（表1-5）。

不同功能区域人均一般公共预算收入情况表（单位：元）　　表 1-5

地区	2012 年	2013 年	2014 年	2015 年	2016 年
全部旗县	3619	4322	4633	5008	5296
重点开发区	11120	10462	11132	11994	12693
重点开发区较全部旗县增幅	207.26%	142.06%	140.27%	139.49%	139.67%
重点生态功能区	3419	3851	3835	3972	4216
重点生态功能较全部旗县增幅	−5.52%	−10.89%	−17.22%	−20.68%	−20.39%
农产品主产区	2529	2930	3171	3391	3336
农产品主产区较全部旗县增幅	−30.11%	−32.2%	−31.55%	−32.28%	−37%

2. 不同功能区域获得一般性转移支付情况分析。一般性转移支付是指对有财力缺口的地方政府给予的补助，主要包括均衡性转移支付、民族地区转移支付、重点生态功能区转移支付、资源枯竭型城市转移支付补助，大多用于包括资源环境保护在内的公共服务领域。分析不同功能区域一般性转移支付情况，可以客观反映一个地区获得的公共服务性补助。全区旗县获得的一般转移支付平均水平逐年增长，2016 年较 2012 年（59421 万元）增加了 15304 万元，增长 25.7%，达到 74725 万元。从不同功能区域看，农产品主产区获得的一般性转移支付水平最高，并逐年增长，2016 年达到 94838 万元，较 2012 年（78016 万元）增加 16822 万元，增长 21.6%，增幅低于全区平均水平 4.2 个百分点；与之相反，农产品主产区获得一般性转移支付较全部旗县增幅总体呈下降趋势，由 2012 年的 31.29% 滑落至 2016 年的 26.91%，这表明对农产品主产区一般性转移支付横向下降。重点生态功能区获得的一般性转移支付水平居中，呈现逐年增长态势，2016 年达到 83871 万元，较 2012 年增加 21776 万元，增长 35%，增幅高于全区平均水平 9.3 个百分点；与此相同，重点生态功能区获得一般性转移支付较全部旗县平均水平增幅呈现逐年增大态势，2016 年增幅（12.23%）较 2012 年（4.50%）增长 7.73 个百分点，这表明重点生态功能区无论是横向比还是纵向比，获得的一般性转移支付均大幅增加，间接反映出提升资源环境承载力财力保障得以强化。重点开发区获得的一般性转移支付水平最低，但呈现逐年增长态势，2016 年达到 54278 万元，较 2012 年增加 7680 万元，增长 16.5%，但增幅低于全区平均水平 9.6 个百分点；与之相反，重点开发区获得一般性转移支付较全部旗县平均水平增幅为负数并呈现逐年拉大态势，2016 年增幅（−27.36%）较 2012 年（−21.57%）拉大 5.79 个百分点，这表明重点开发区获得的一般性转移支付在总量结构中占比下降，对于资源环境承载力超载或临界超载地区无益（表 1-6）。

不同功能区域获得一般性转移支付情况（单位：万元）　　表 1-6

地区	2012 年	2013 年	2014 年	2015 年	2016 年
全部旗县	59421	62118	65547	67614	74725
重点开发区	46598	48329	49638	49508	54278
重点开发区较全部旗县增幅	−21.57%	−22.19%	−24.27%	−26.77%	−27.36%

续表

地区	2012 年	2013 年	2014 年	2015 年	2016 年
重点生态功能区	62095	65009	70383	74576	83871
重点生态功能区较全部旗县增幅	4.50%	4.65%	7.37%	10.29%	12.23%
农产品主产区	78016	82080	85649	87647	94838
农产品主产区较全部旗县增幅	31.29%	32.13%	30.66%	29.62%	26.91%

3. 不同功能区域人均一般公共预算支出情况分析。从数据来看，全区各旗县人均一般公共预算支出呈逐年增加趋势，2016 年达到 11459 万元，较 2012 年（8271 元）增加 3188 元，增长 38.5%。从不同功能区域看，重点开发区人均公共预算支出水平最高，并呈逐年增长态势，2016 年达到 18765 元，较 2012 年（13535 元）增加 5230 元，增长 38.6%，增幅与全区平均水平大抵相同；横向看，重点开发区人均公共预算支出较全区平均水平增幅最高，并呈波动增长态势，除 2015 年（59.69%）低于 60%外，其余年份均高于 60%。重点生态功能区人均公共预算水平略低于重点开发区，位居三类功能区中位，并呈现逐年增长态势，2016 年达到 17448 元，较 2012 年（12727 元）增加 4721 元，增长 37%，略低于全区平均水平增幅；横向看，重点生态功能区人均公共预算支出较全区平均水平增幅居中，亦呈波动增长态势，除 2015 年（48.41%）低于 50%外，其余年份均高于 50%。农产品主产区人均公共预算水平位居末位，但呈现逐年增长态势，2016 年达到 10386 元，较 2012 年（7732 元）增加 2654 元，增长 34.3%，低于全区平均水平增幅 4.2 个百分点；横向看，农产品主产区人均公共预算支出较全区平均水平增幅为负数，并位居末位，但总体呈波动增长态势，2016 年为−9.36%，较 2012 年（−6.51%）拉大 2.85 个百分点（表 1-7）。

不同功能区域人均一般公共预算支出情况表（单位：元） **表 1-7**

地区	2012 年	2013 年	2014 年	2015 年	2016 年
全部旗县	8271	9162	9859	11127	11459
重点开发区	13535	15471	16227	17769	18765
重点开发区较全部旗县增幅	63.64%	68.86%	64.59%	59.69%	63.75%
重点生态功能区	12727	14043	15348	16514	17448
重点生态功能区较全部旗县增幅	53.87%	53.27%	55.67%	48.41%	52.26%
农产品主产区	7732	8453	9020	10346	10386
农产品主产区较全部旗县增幅	−6.51%	−7.73%	−8.5%	−7%	−9.36%

三、资源环境承载力财政政策评价

（一）资源环境承载力财政一般性转移支付政策评价

1. 重点生态功能区转移支付政策。为维护国家生态安全，促进生态文明建设，引导地方政府加强生态环境保护，提高国家重点生态功能区所在地政府基本公共服务保障能力，从 2008 年起，中央财政对自治区实施国家重点生态功能区转移支付补助，该项转移支付属于一般性转移支付，主要用于国家重点生态功能区所属旗县生态环境保护和涉及民生的基本公共服务领域。2008—2015 年，中央财政共下达自治区国家重点生态功能区转移支付资金 156.01 亿元，其中：2008 年 2.45 亿元，占当年全区财政支出的 0.2%；2009 年 9.9 亿元，占当年全区财政支出的 0.5%；2010 年 17.49 亿元，占当年全区财政支出的 0.8%；2011 年 19.09 亿元，占当年全区财政支出的 0.6%；2012 年 23.53 亿元，占当年全区财政支出的 0.7%；2013 年 24.52 亿元，占当年全区财政支出的 0.7%；2014 年 29.4 亿元，占当年全区财政支出的 0.8%；2015 年 29.63 亿元，占当年全区财政支出的 0.7%；2016 年 30.68 亿元，占当年全区财政支出的 0.67%；2017 年 32.63 亿元，占当年全区财政支出的 0.72%。按照中央要求，自治区将此项转移支付资金全部分配到相关旗县。

按照中央要求，补助范围最初是关系国家生态安全，并由中央主管部门制定保护规划确定的生态功能区，以及生态外溢性较强、生态保护较好的省区。2010 年 12 月，国务院印发了《全国主体功能区规划》，从 2011 年起，中央财政明确将《全国主体功能区规划》中限制开发区域（国家重点生态功能区）和禁止开发区域纳入补助范围。同时，将环保部制定的《全国生态功能区划》中的其他国家生态功能区也纳入补助范围。2012 年，中央财政进一步明确增加生态文明示范工程试点的市和县给予补助（自治区试点为兴安盟、乌兰察布市和林西县、伊金霍洛旗）。这样，自治区属于国家重点生态功能区的地区由最初的 5 个旗县增加到目前的 75 个旗县和 2 个盟市。参照中央财政分配办法，结合自治区实际，自治区采取"基数+增量+奖惩"办法进行分配。其中，基数补助按上年补助额确定(奖惩资金除外)；增量补助按照因素法分县测算分配；奖惩资金根据相关旗县生态环境改善情况和考核工作开展情况分配。其中：对国家限制开发区和其他重要生态功能区所属县增量补助，根据国家限制开发区和其他重要生态功能区所属县的财力缺口和通过自有财力安排的环境保护、生态治理支出两项因素以及中央核定的增量资金计算确定；对禁止开发区所属县增量补助，根据禁止开发区所属县财力缺口和禁止开发区面积两项因素以及中央核定的增量资金计算确定；对生态文明示范工程试点工作经费补助，按照中央有关政策规定，对自治区纳入国家生态文明示范工程试点的地区，按照市级 300 万元/个/年、县级 200 万元/个/年的标准核定经费补助。其中，已享受限制开发等国家重点生态功能区转移支付的试点县，不再给予此项补助。对奖惩资金，按照自治区生态环境厅考评结果，对生态环境明显改善和考核工作开展较好的地区给予一次性奖励；按照中央核定自治区非因不可控因素而导致生态环境变差的地区名单，对该地区采取"全额扣减转移支付或扣减当年转移支付增量"的惩罚措施。自治区财政厅负责制定《内蒙古自治区国家重点生态功能区转移支付办法》，明确自治区分配转移支付的对象、原则和办法，并要求享受转移支付的地方政府切实增强生态环境保护意识，将资金重点用于保护生态环境和改善民生，不得用于楼堂馆所和形象工程建设以及其他竞争性领域。同时，要配合上级环境保护部门加强对县域生态环境质量评估工作。

2. 资源枯竭型城市转移支付政策。为增强资源枯竭型城市基本公共服务保障能力，中央财政于 2007 年设立了针对资源枯竭型城市的财力性转移支付，2007—2015 年间，国家共安排转移支付 987 亿元，对纳入资源枯竭试点范围的城市进行补助，补助资金由地方政府统筹使用，重点用于完善社会保障、环境保护、公共基础设施建设等方面。2001 年，国务院确定辽宁阜新、大兴安岭等 12 个城市和地区为首批资源枯竭型城市，其中：牙克石市、额尔古纳市、根河市、鄂伦春旗、扎兰屯市等五个森林覆盖率为 70%以上旗市被确定参照执行大、小兴安岭林区国家资源枯竭型城市财政转移支付政策。2009 年 3 月，国务院确定了第二批 32 个资源枯竭型城市，其中：内蒙古的阿尔山市列入其中，国家通过中央财政转移支付资金对这些资源枯竭型城市进行财力性支持补助。2011 年，国务院又批准了 25 座资源枯竭型城市，内蒙古的乌海、石拐区列入其中。截至 2016 年，全区资源枯竭型城市共获得中央转移支付资金 41 亿元，自治区配套本级转移支付资金 3.72 亿元。其中：2016 年，中央补助额达 8.76 亿元，加上自治区配套资金，共下达相关盟市旗县 9.29 亿元。为强化资金绩效管理，促进资源枯竭型城市转型，充分发挥绩效考核评价的导向、激励和约束作用，自治区发改委牵头组织财政、国土、统计、环保、住建、林业、人社、民政及公安等共 10 个部门，本着“关口前移、服务地方”的原则，建立了自治区资源枯竭型城市转型绩效考核联合评估工作机制，按年度组织开展自治区资源枯竭型城市转型绩效自我考评工作，对资源枯竭型城市转型工作进行督促审查并提出改进建议。上述政策效应不断释放，资源枯竭型城市的生态环境明显改善，城市功能得到提升。各地还大力推进生态环境恢复治理，大力发展循环经济，煤矸石、尾矿、冶炼废渣得到有效利用，并采取措施治理土地盐碱化、重金属污染等环境问题。积极开展森林抚育和植被恢复，生态环境保护力度进一步加大，资源环境承载能力得到增强，城市功能不断完善。乌海市被评为“国家园林城市”，昔日生态环境破坏严重的资源枯竭型城市逐渐向环境优美的宜居城市转变。

（二）重点专项转移支付政策评价

1. 支持水资源管控的重点专项转移支付政策。2010 年，根据区域水资源承载能力和农牧业生产力布局等综合因素，自治区政府在统筹谋划农牧业发展格局和科学论证水资源条件的基础上，作出了实施新增“四个千万亩”节水灌溉工程的重大决策。在资金筹措上，按照“统一规划、统筹安排、渠道不乱、用途不变、各负其责、各记其功”的原则，建立以规划为统筹、项目为依托、部门相协调的政府资金整合新机制，建立自治区、盟市、旗县三级政府联动，旗县为主的资金整合体系。加大投入力度，设立节水灌溉工程建设专项资金，同时整合中央和自治区涉农涉水节水灌溉项目资金，将水利、发改、财政、农牧业、国土资源、扶贫等部门的相关资金实行全面整合，用于节水灌溉工程建设计划总投资 359 亿元。其中：农田节水灌溉工程 296 亿元，亩均投资 930 元，单方水投资 2.24 元，新增粮食产能 125 亿斤；牧区饲草地节水灌溉工程 63 亿元，亩均投资 877 元，单方水投资 3.6 元，新增饲草产能 130 亿斤，休牧保护草原面积 9 亿亩。通过上述投资，截至

2020年，以黄河流域为重点完成1000万亩大中型灌区节水改造任务，以嫩江流域为重点完成1000万亩旱改水节水建设任务，以西辽河流域为重点完成1000万亩井灌区配套节水改造任务，以东部牧区为重点建设节水灌溉饲草地达到1000万亩，工程建成后，农牧业每年可节水22.8亿立方米，全区将实现农业灌溉用水零增长，地下水超采区用水负增长，农村牧区水资源高效利用、优化配置体系基本建立；基本实现农牧业节水现代化，农田和饲草地灌溉工程体系、服务体系基本完备，灌溉水利用系数达到0.7以上；灌溉饲草地总产能稳定在210亿斤，牧区草原生态保护节水灌溉工程保障体系基本形成，实现水草畜均衡发展。自2013年以来，全区累计落实水利投资计划442亿元。其中，中央投资259亿元，地方投资183亿元。全社会投入水利建设资金822.5亿元，年度全社会水利投资由118亿元增长到206亿元，增长74.6%，其中支持全面完成了国家“节水增粮行动”800万亩节水灌溉面积建设任务，新增节水灌溉面积1437万亩。2016年，自治区实际用水总量为190.29亿立方米，与2013年相比年均增长3.86%，远低于自治区同期GDP增长速度。万元GDP用水量为96.9立方米，比2013年下降11.10%；万元工业增加值用水量22.4立方米，比2013年下降25.33%；农田灌溉水有效利用系数为0.532。2016年国家重要江河湖泊水功能区水质达标率为64.2%，比2013年提高33个百分点。

2. 支持土地资源管控的重点专项转移支付政策。国务院决定自1988年开始专门设立土地开发建设基金（后改为农业综合开发资金），专项用于农业综合开发。农业综合开发在坚持加强农业基础设施建设，改善农业生产基本条件，提高农业综合生产的前提下，强化以改造中低产田和开垦宜农荒地为主转到保护生态环境。自治区农业综合开发累计完成财政投资1053.88亿元。集中资金，用于中低产田改造和高标准农田建设，大力改善项目区农业生产条件，稳步提升粮食综合生产能力。其中：2011—2016年为跨越式发展阶段，全区农业综合开发累计投入资金163.5亿元。这一时期，农业综合开发在社会主义市场经济体制逐步完善的新形势下，顺应农业和农村经济发展的客观要求，农业生产正由增加数量为主转向提高质量为主，市场机制在农村资源配置中的基础性作用越来越明显。在此背景下，2011年，内蒙古农业综合开发办以高标准农田和农业园区为抓手，运用现代化手段，改善农业生产条件和生态环境，促进农业供给侧结构性改革。截至2016年底，农业综合开发累计投入土地项目治理资金238.92亿元，改造中低产田2688.28万亩，建设高标准农田715.68万亩。结合中型灌区节水配套改造，全区累计修建小型水库17座，建设灌排渠系82241.17公里，新打和修复配套机电井90007眼，新增和改善除涝面积766.43万亩，新增和改善灌溉面积3330.87万亩，相当于1989年全区有效灌溉面积的2倍。通过项目建设，一片片贫瘠干旱的土地变成了平整肥沃、水利设施齐全、田间道路畅通、林网建设合理的优质高产农田，夯实了全区粮食生产高效稳产，实现了农业生产规模化、机械化、标准化和现代化。全区累计投入草原建设项目资金35.87亿元，完成草原（场）建设面积2921.02万亩，为项目区保护和恢复草场植被、改善草原生态环境、促进草原现代畜牧业良性循环发展做出了积极贡献。仅2016年，农业综合开发项目区新增干草6.84万公斤，按照育肥期每只羊2～2.5公斤干草计算，能够满足1000只（头）羊近一个月的饲料。进一步加大了牲畜标准化棚圈、青贮窖等配套设施建设，有效提升了牲畜新、优、名、特等品种繁育率，极大地保障了牲畜饲草料供给储备水平，完善了防寒防冻设施条件，优化了牲畜品种结构，为提高牲畜成活率，提高牲畜个体产量和质量起到了重要作用，彻底改变了农牧民逐水草而居，靠天吃饭的游牧生产生活方式，形成了“为养而种，以种促养，以养增收，保护生态”的现代生态草原畜牧生产经营的良性循环新格局。

3. 支持草地资源管控的重点专项转移支付政策。为保护草原生态，保障牛羊肉等特色畜产品供给，促进牧民增收，2011 年起，国家在内蒙古等 13 个主要草原牧区省区和新疆生产建设兵团实施保护补助奖励机制。按照国家草原补奖机制政策“保生态、保收入、保稳定、保供给、完善制度”的总体要求，兼顾草原植被类型及生产能力，按系数核算每个盟市草原“标准亩”面积，计发各盟市补奖资金，实现了区域间平衡，同时也为各盟市进一步分解资金提供了依据。将目标、任务、资金、责任落实到盟市，由各盟市根据实际情况分解到旗县，避免在全区范围内搞“一刀切”。按照 4∶3∶3 的比例，分 3 年完成减畜任务，有效缓解了畜产品市场的供求矛盾和价格波动，避免牧民收入大起大落。2011—2015 年，全区 10.2 亿亩可利用草原全部纳入草原补奖范围，共投入资金 300.5 亿元，其中：中央资金 212.9 亿元、自治区本级资金 87.6 亿元，政策覆盖全区 12 个盟市、2 个计划单列市；73 个旗县区、605 个乡镇的 10.13 亿亩天然草原，禁牧 5.48 亿亩、草畜平衡 4.65 亿亩。“十三五”时期，进一步加大资金投入力度，启动实施新一轮草原补奖政策，禁牧补助标准和草畜平衡奖励标准分别由原有的 6 元/亩和 1.5 元/亩提高到 7.5 元/亩和 2.5 元/亩。2016 年争取中央财政对自治区草原补奖资金 45.7 亿元，比上年增加 5.3 亿元。使全区 146 万户、534 万农牧民直接受益，草原牧区的生态、生产、生活水平持续向好。一是草原生态恢复速度明显加快。随着禁牧和草畜平衡制度的深入落实，全区五年减畜任务全面完成，天然草原牲畜超载率由 2010 年的 24.14%下降到 2014 年的 13.32%。草原“三化”面积比 2010 年减少了 671.29 万亩。草原植被盖度达到 43.6%，比 2010 年提高了 6.52 个百分点。天然草原干草产量达 7004 万吨，比政策实施前增加 2206 万吨。补奖区天然打草场 1.35 亿亩，比政策实施前增加了 1021 万亩。多年生草种数量由政策实施前的每平方米 7 种增加到目前的 12 种，野生动物种群明显增多。草原生态总体恶化的趋势得到遏制，可利用天然草原的生态保护功能得以恢复。二是补奖区农牧民收入保持稳定增长。草原补奖机制政策实施以来，全区每年发放各类奖励补贴近 50 亿元，政策性补贴收入占到补奖区牧民人均纯收入的 35%左右，已成为牧民收入增长的主要因素。2014 年，全区牧民人均纯收入达 13750 元，比 2010 年的 7851.5 元增长 75.1%，高于全国农村居民人均纯收入。政策的实施，使牧民还贷能力进一步增强，投入基础设施建设的自发性进一步提高，牧民增收渠道不断拓宽，收入水平稳步增加。三是草原畜牧业生产经营方式加快转变。随着政策的实施，2014 年全区人工种草保留面积达 5324 万亩，连续 3 年保持在 4500 万亩以上。补奖区贮草棚和牲畜棚圈面积分别达到 824 万平方米和 5507 万平方米，分别比政策实施前增加了 66.8%和 52.8%。牲畜舍饲比例达到 65%，比政策实施前提高了 22%。过冬畜畜棚面积达到每个羊单位 1.1 平方米，过冬畜均羊单位贮草 225 公斤。现有各类草原畜牧业合作社1.3万家，比2010年增加了8049家，入社牧户124万户，比2010年增加了8万户。全区草原畜牧业生产方式实现转变，正逐步向建设型、生态型的现代化草地畜牧业转型。

4. 支持环境管控的重点财政专项转移支付政策。近年来，各级财政不断加大环境保护投入和能力建设力度，持续推进重点流域、区域污染防控和主要污染物减排。“十二五”期间，下达大气、水、土壤污染防治专项资金57亿元，重点支持大气污染治理、黄河上游和滦河流域水污染防治、呼伦湖和乌梁素海湖泊生态保护及综合整治等项目；支持重污染天气预报预警监测体系、在线监控、执法监管、环境应急与预警系统、机动车污染物防治管理系统和基层环保所能力等建设。同时，创新资金分配方式，坚持治理项目与生态保护和当地经济相结合，治理项目资金分配向重点地区和重点任务倾斜，充分调动了地方污染防治积极性。2016年，全区共争取中央环保资金13亿元，同比增长80.4%。自治区安排专项资金1.34亿元，用于加强监测、监察、监控等能力建设；安排水污染防治专项资金3.87亿元，重点支持了呼伦湖、乌梁素海、岱海等湖泊环境综合治理及监测体系建设。申报“十三五”环保投资项目储备库项目692个，开展水污染防治领域PPP项目推介工作。组织对2013—2015年度1492个项目、29.4亿元环保专项资金进行了专项审计，进一步提高了资金使用效益。积极推进大气污染防治。为推进全区大气污染防治，按照“重点突破、整体推进”的工作思路，自治区把大气污染较重的包头市、乌海市作为全区的治理重点，并组织生态环境部环境规划院等专家会诊把脉，给政府提出了综合治理“药方”，进一步推动了重点城市大气污染防治工作。2016年，全区12个盟市空气质量优良天数比例达到了86%；全区单位生产总值能耗与二氧化碳排放分别下降18.8%和22.7%，主要污染物中，化学需氧量、二氧化硫、氨氮、氮氧化物分别下降10.18%、8.13%、12.6%和8.83%，均超额完成任务。水污染防治成效明显。自治区明确要求各地必须以保障水环境安全和改善水环境质量为目标，以重点流域水污染防治和饮用水水源地保护为重点，推进水源地水质监测和管理，保障饮水安全；强化流域水质监测，及时掌握水质动态，加大监督检查力度；重点对废水排放量大、影响流域及周边环境的企业进行监督检查，确保稳定达标排放；2013—2016年争取国家专项资金2.15亿元，持续实施呼伦湖和乌梁素海综合治理工程。四大流域国控、区控断面水质基本达标。同时，自治区全面加强水污染防治，强化饮用水水源地保护，开展了城镇集中式饮用水水源地专项执法检查等一系列重点工作。截至“十二五”末，全区实际监测的22个考核断面16个达标，划定8处地级城市、4处城镇、26处乡镇和285处农村集中式饮用水水源保护区，全区地级城市集中式饮用水水源平均取水水质达标率为89.9%。完善土壤重金属污染防治监测、应急、风险评估和监管体系，强化重金属污染源在线监控，提高重金属污染防治综合管理能力。规范废弃电器、电子产品的回收处理活动，建设废旧物品回收体系和集中加工处理园区，启动建设废弃物堆存场地等项目。积极妥善处理重金属污染历史遗留问题，启动矿区环境治理和生态修复等工程项目。目前，重点区域主要重金属污染物排放总量比2007年减少15%，非重点区域主要重金属污染物排放总量不超过2007年水平。

5. 支持生态管控的财政重点专项转移支付政策。2013年，自治区党委、政府决定在全区启动生态脆弱地区移民扶贫工程，制定了《内蒙古自治区生态脆弱地区移民扶贫规划》，计划利用五年时间将全区12个盟市农牧交错带生态脆弱区不适宜人类居住地区的11.5万户、36.7万农牧民全部迁移，涉及12个盟市、71个旗县（市、区）、277个苏木乡镇、1731个嘎查村。建设安置区815个，其中生态移民扶贫安置区735个，劳务（无地）移民安置区80个。具体目标为：到2020年，实现致富达小康，移民人均纯收入达到或超过全区平均水平，移民安置区公共服务能力达到全区平均水平。按照这一目标要求，为确保完成筹资任务，自治区财政提请自治区政府办公厅印发了《自治区生态脆弱地区移民扶贫资金管理办法》，对中央预算内投资和自治区财政用于自治区生态脆弱地区移民的专项资金作出了具体规定，强调资金安排使用要坚持“依据方案、核定总量、旗县为主、包干使用”的原则，做到任务到旗县、资金到旗县、职权到旗县、责任到旗县。资金来源计划每年安排11亿元，5年共安排55亿元，分别为中央财政每年安排的易地扶贫移民资金1.7亿元；中央财政每年安排的扶贫移民专项资金1.2亿元；自治区本级财政预算每年安排的草原生态保护移民资金2亿元；自治区本级财政预算每年安排的专项用于生态脆弱地区移民工程的资金6.1亿元。具体使用方向为对确定的搬迁农牧民新建住房给予一次性补贴，补贴标准为每人1.5万元。2013—2015年，内蒙古整合筹集各类资金推动生态脆弱区移民，生态脆弱区3年完成项目投资106.4亿元，对农牧业交错地带生态脆弱区的4.6万户、14.8万人实施了移民搬迁。其中：自治区投入33亿元，盟市旗县配套资金和项目整合资金达到36.3亿元，群众自筹资金20.8亿元，其余主要为企业投资。全区已建设完成移民住房255.1万平方米，新建养殖棚圈72.5万平方米，建设日光温室和塑料大棚4840亩，建设人畜饮水工程1122处，开发建设基本农田13.2万亩，铺设供水管网892公里，铺设输电线缆808公里、变压器242台，修建道路1251公里，建成卫生所90个、学校28个。除此之外，建成垃圾转运中心11处、污水处理厂9处、集中供热站38处、厕所2534个。全区生态脆弱地区移民扶贫工程各项工作取得阶段性成果。新巴尔虎左旗实施扶贫开发移民扩镇项目，建设总面积为6131平方米的住宅楼，转移安置100户、358人，总投资为1220万元。巴彦淖尔市乌拉特中、后旗牧区移民的住房面积从搬迁前的67.74平方米增加到了现在的80.88平方米。搬迁前移民住房条件均比较差，76.47%的牧民的住房结构为砖木结构、8.82%的牧民的住房结构为土坯结构，搬迁后100%的被访问者对现有住房表示满意。同时，搬迁前后家庭收支的变动呈现正值的变动幅度，移民搬迁政策增加了移民的福利水平。巴彦淖尔市乌拉特中、后旗的生态移民搬迁项目，搬迁前，移民住房条件均比较差，76.47%的牧民的住房结构为砖木结构、8.82%的牧民的住房结构为土坯结构；搬迁后，100%的住房为砖混结构。锡林郭勒盟苏尼特右旗为巴彦敖包嘎查76户移民统一安置于户均65平方米的住宅楼，提供了4户160平方米的商用楼房，同时，为巴彦敖包嘎查集体经济提供8套商业楼房。所涉群众的生产生活条件得到了明显改善，拓宽了群众增收渠道，有效解决了农村贫困老人“老有所居、老有所养、老有所乐、老有所医、老有所安”的养老问题，实现了经济效益、社会效益和生态效益三效统一。

四、资源环境承载力财政政策存在的问题

（一）财政投入力度相对不足

依国际经验，按照世界银行标准，要维持生态环境不进一步恶化，提升资源环境承载能力，节能环保支出占 GDP 比重至少应达到 1%以上，要实现生态环境的改善和优化，则该比重应达到 2%～3%。而目前全区节能环保领域的资金支持力度与之相比差距仍然较大。从单纯的政府财政环保支出来看，虽然党的十八大以来，全区节能环保支出占 GDP 的比重略有增加，2016 年节能环保支出占 GDP 的比重由 2012 年的 0.82%增加至 0.85%，不仅远未达到国外发达国家政府节能环保支出的力度，而且距离全国同期平均水平也有明显差距。另外，从环保领域全社会固定资产投资情况看，预算内资金所占比例也明显偏低。在 2016 年环境管理业城镇固定资产投资来源构成中，预算内资金仅占全部资金来源的 12.7%，与 2012 年相比下降了 17 个百分点。

（二）资源环境领域地方政府财权与事权匹配度不高

事权划分是现代财政制度有效运转的重要前提。各级政府在资源环境领域事权关系不顺的一个重要原因就在于各级政府间事权未能合理界定，导致缺位、越位、错位现象严重。加之政府与市场关系尚未理顺，政府存在缺位、越位问题。特别是分税制实施以来，地方政府事权与财权、财力不匹配的问题尤为突出。“上面点菜、下面买单”是我国现行体制下各级政府财税体制存在的主要矛盾，事权划分严重不协调是导致资源环境领域财力事权难以匹配的根源，直接反映在中央政府承担的事权尤其是直接支出责任相对不足，地方政府尤其是基层地方政府承担了过多的实际支出责任。虽然我国现阶段各级政府事权与支出责任大同小异，但总体来看，公共服务的职能主要由中央和基层政府承担，处于二者之间位置的省、市政府承担的责任比较小。由于政府事权配置的重心偏低，各级政府承担的事权责任与其收入和行政能力不对称。资源环境领域的财权应根据事权划分，但原本应由中央负责的跨流域、跨界的环境投入，有时被推给了地方，而有时属于地方自己负担的却留在了中央。比如自治区承担着国家生态安全屏障建设职责，在荒漠化治理、国家森林公园试点等方面，虽然建设区域是固定的，但仅由所在地一方出资肯定是不合理的，因为受益方是周边区域内的多个城市，这一类型的项目，应在事权、财权的分配上应进一步完善。另一方面，在资源环境领域政府与市场的关系，是明确政府环境保护责任，优化市场资源配置的基础。现行政府事权界定存在一定的“内外不清”、市场与政府职能界定不明确、政府越位与缺位同时存在等问题。政府承担了应由市场去做的事情，财政尚未退出盈利性领域，继续实行企业亏损补贴和价格补贴等方面，导致本应由企业承担的污染治理责任过多的由政府承担，而应当由政府承担的公共需求投入又缺乏资金。

（三）资源税政策还需要进一步完善

一是现行资源税的征税范围仅选取级差收益差异大、较为普遍且容易征收管理的 7 类

33个子税目。征税范围狭窄一方面无法有效遏制其他自然资源的过度开采消耗；另一方面同样开发自然资源，一部分征税一部分不征，与税收公平原则相悖。二是计征方式尚有欠缺。目前实行从价计征的税目还只是少数，从量计征隔断了资源税与应税产品的价格联动，资源税调控功能受限，而且税收收入不随资源价格变动而增减。另一方面，计算简单、税收收入稳定的从量计征在一段时间内还将存在，但现行政策中的“量”是指纳税人的销售量，往往不能等同于开采量，以销量征税难以解决因过度开采而导致的资源积压浪费与“采富弃贫”等问题。三是自治区资源税的税率仍然处于较低水平，这就导致资源税在开采企业的收益中占比过少，不能引起重视，难以发挥引导与调控作用。四是配套措施不完善。资源产品价格形成机制尚不完善，价格没有充分反映资源利用和环境保护方面的成本补偿；资源税自身的配套法规不完善，比如罚则条款规定模糊、惩处力度不足，难以起到约束作用等。

（四）社会资本投入引导力度仍需进一步加大

总体来看，政府资金投入对社会资本投入引导力度不够，引导社会资本投入资源环境领域的市场化机制尚未建立，社会资本在资源环境领域投入的积极性不高。一是目前政府资金投入领域宽、范围广，难以发挥资金的合力，对社会资本投入带动作用不强。同时，政府投资以固定资产投资为主，强化前期投入，补助方式多以投资补贴、财政贴息为主，资金使用方式不够灵活，对社会资本投入的引导力度也较为有限。二是资源环境公共服务领域建设投资大、周期长、收益低，如果没有合理的价格管理、利益分配和风险分担机制，即使政策、资金到位，社会资本也会担心自身的利益不能得到保障，不敢贸然投资。另外，虽然自治区政府与社会资本合作推进较快，走在了全国第一方阵，但在资源环境领域项目落地率不够高，部分地区对资源环境领域PPP模式机制设计特别是支付机制、调价机制、风险分担机制等不健全，配套激励措施尚未出台，使得PPP项目实施过程中面临的政策风险、法律风险远远超过经济风险、项目建设风险，很大程度上影响了社会资本投入的积极性。另外，资源环境基础设施项目存在初始投资大及建设周期长的特点，前期融资需求迫切，除国企及上市环保公司外，多数环保民营企业相对其他传统行业规模小，抵押担保能力不足。

（五）支持绿色金融发展的财税政策尚不健全

绿色金融是指金融机构从环保的角度出发，以建设绿色经济为导向，以节能减排、治理污染、可持续发展为目的，以各种金融工具为手段，为引导和配置社会经济资源支持绿色经济而提供的金融服务。由于国内的绿色金融政策还处于起步发展阶段，绿色信贷、绿色保险等政策有待在实践中积累经验进一步推进完善，绿色债券等政策较长一段时间缺位，再加上相关绿色金融政策实施的相关配套措施还不完善等，特别是财税激励政策不完善，导致绿色金融政策的推进受阻。首先，缺乏强有力的绿色税费政策外部约束。在总体上尚未能真正构建完善的绿色税费政策体系，这导致高耗能、高污染等行为的调控力度不足，也相应导致社会在绿色投融资上的动力不足。比如，资源税、消费税和车船税等与环境相关的税种，能够在增加资源能源的使用成本、促进资源节约利用和环境保护等方面发挥一定作用，但这些税种的调控作用相对有限。其次，绿色投融资的财税支持政策有待完善。财税支持政策还存在着政策目标不统一、具体措施有待完善、与金融和土地政策协调不足等问题，不能形成政策合力，导致绿色投融资的财税支持政策效果削弱，这不利于为绿色金融的发展形成良好的政策环境。再次，对绿色金融政策的财税支持力度不足。具体表现在对绿色贷款的财政贴息力度较小、范围较窄。同时，对金融企业绿色贷款未能给予与中小企业贷款等类似的税收优惠政策，金融机构推行绿色信贷产品缺乏利益上的激励。对保险机构推行绿色保险也未能给予与农业保险等政策性保险类似的优惠政策，难以对污染责任保险产品的风险进行分散，无论是保险公司还是参保企业都缺乏利益上的激励。对新实施的绿色债券的财税激励政策有待明确，如给予与国债和其他特殊类型债券类似的所得税优惠政策。

（六）资源环境领域财政专项资金管理使用效益有待提升

一是各地资金配套不足。长期以来，地方财政对上级财政专项资金大多持“等、靠、要”的态度，极少有能力根据项目要求安排刚性配套，地方财政既无能力也无动力对环保项目安排配套资金，一些涉及面广、影响重大的项目，如农村牧区环境连片整治项目为求达到目标，只有被迫采取以土地、劳力和其他涉农项目资金配套的方式，但其中资金整合的难度极大，由于缺少政策指导，加上涉农项目资金各有各的项目业主，真正按期顺利整合到位的资金少之又少。二是使用不规范。历年的审计报告显示，在部分资源环境专项资金管理使用过程中，个别地方财政部门未能及时足额拨付，影响了资金的效益。一些地方存在违规申请、挪用节能减排专项资金现象，包括在决算中虚列节能减排支出，而资金在国库存放实际并未支付。三是项目资金绩效评价工作有待加强。资源环境类财政资金项目绝大多数没有开展财政资金绩效评价工作。项目资金在安排时，没有设定明确的绩效目标，实施过程中未及时跟踪问效，项目完成后也没有进行绩效评价。因此，财政、环保部门对于项目资金使用效果如何、是否达到预期目标、项目建成后是否正常运行等情况无法了解，排污费项目支出绩效评价工作还未得到全社会及项目主管部门、项目设施单位的重视和推动。

五、内蒙古资源环境承载力财政政策选择

（一）稳步推进资源环境领域事权与支出责任划分

资源环境领域事权与支出责任划分是提升资源环境承载力的基础性工作，只有合理划分事权和财权，才能有的放矢，集中财力支持资源环境承载力建设。按照国务院印发的《关于推进中央与地方财政事权和支出责任划分改革的指导意见》规定的时间表，计划2017—2018年争取在教育、医疗卫生、环境保护、交通运输等基本公共服务领域取得突破性进展。2019—2020年基本完成主要领域改革，梳理需要上升为法律法规的内容，适

时制定修订相关法律、行政法规，研究起草政府间财政关系法，推动形成保障财政事权和支出责任划分科学合理的法律体系。为此，应在上述框架下，积极稳妥推进事权和支出责任划分。一是积极建议中央合理划分中央和自治区资源环境事权。当前，资源环境保护事权仍然以地方承担和管理为主，资源环境的整体性和区域间外溢性越来越强。例如，大气污染治理明显是跨区域外溢的，而我国《大气污染防治法》却规定“地方各级人民政府对本辖区的大气环境质量负责，制定规划，采取措施，使本辖区的大气环境质量达到规定的标准”。这种事权的属地化划分显然不科学，建议应考虑将跨区域生态保护和环境治理事权上划中央，包括跨流域江河治理、跨地区污染防治、全国性环境保护等具有全国性和大区域影响的环境事务，由中央承担和管理，以增强环境事权管理的统筹性和一体化效应。具体到内蒙古来看，自治区境内的沙漠负外部性和生态环境正外部性影响全国，草原和森林等资源保护所带来的正面效应也具有外溢性，因此，防止沙漠扩大化和生态环境退化、自然资源保护等事权理应上划中央。二是科学合理划分自治区以下资源环境事权和支出责任。提供区域环境基本公共服务属于地方政府的事权，由地方财政支出来提供。旗县级政府重点保障城乡环境基本公共服务均等化的实现。受限于经济发展水平和财政能力，区域间（省市县）环境基本公共服务均等化的事权在上级政府。在下级政府财政无法为实现环境基本公共服务标准提供保障时，上级财政应予以补助和支持。三是合理划分市场与政府事权，厘清职能界限。市场主要在企业污染治理、农村牧区面源污染防治、机动车污染防治、生态建设与保护、企业环境风险防控等领域发挥作用。政府主要承担环境监管能力建设、污水处理、垃圾处理、安全饮水等环境基本公共服务、环保先进技术试点示范等方面。

（二）健全生态资源管控的财政补偿转移制度

生态资源管控的财政补偿转移制度政策是主体功能区建设中平等和公平原则的体现，也是提升不同区域环境承载能力的基础。建议按照“谁保护、谁受益”“谁贡献大、谁得益多”的原则，建立健全生态补偿转移支付制度。一是要建立多元化补偿资金来源渠道，完善资金补偿、财政转移支付、实物补偿、智力补偿等多样化的生态补偿途径。坚持政府转移支付和市场交易（异地开发、水资源使用权交易、排污权交易、碳排放权等）补偿方式相结合，或以政府补偿为主、民间补偿为辅的补偿方式，并广泛吸纳重点开发区民间资本，并投放到限制开发区和重点农产品区域中。研究完善森林、草原、海洋、渔业、自然文化遗产等资源收费基金和各类资源有偿使用收入的征收管理办法。二是要积极争取中央财政支持，考虑自治区作为生态安全屏障和京津冀防护网的特殊区位以及支出成本较高的差异因素，通过提高均衡性转移支付系数等方式，逐步增加对自治区的重点生态功能区转移支付。争取中央预算内投资对重点生态功能区内的基础设施和基本公共服务设施建设予以倾斜。同时完善自治区对下转移支付制度，建立自治区级生态保护补偿资金投入机制，加大对重点生态功能区域的支持力度，重点支持用于生态红线区域的环境保护、生态修复和生态补偿。三是要研究探索以地方补偿为主、上级财政给予支持的横向生态保护补偿机制办法。鼓励受益地区与保护生态地区、流域下游与上游通过资金补偿、对口协作、产业转移、人才培训、共建园区等方式建立横向补偿关系。鼓励在具有重要生态功能、水资源供需矛盾突出、受各种污染危害或威胁严重的典型区域开展横向生态保护补偿试点。四是要完善约束性资金分配机制。以林、水、气等反映区域生态环境质量的基本要素作为分配依据，突出激励约束原则，并引入第三方机构，采取“负面清单”办法对生态红线区域的生态环境质量、生态补偿转移支付资金使用情况进行评估。在此基础上，完善生态保护成效与资金分配挂钩的激励约束机制，实行上级财政根据评估结果测算分配下达转移支付资金，加强对生态保护补偿资金使用的监督管理。

（三）研究建立与污染物排放总量挂钩的财政政策

坚持结果导向、压力传导的原则，在强化各级政府环境保护责任的同时，逐步建立环境成本的合理负担机制，倒逼地方政府加大环境保护力度，进一步改善生态环境质量。与污染物排放总量挂钩的财政政策应由财政部门和环保部门共同组织实施，环保部门负责污染物排放总量和环境质量指标的核算、下达和考核工作；财政部门根据环保部门提供的年度污染物排放总量和减排量、环境质量考核情况，核定各地年度资金收取、返还及奖励金额，纳入自治区与盟市年终财政结算。在具体政策选择上，主要包括以下内容：一是科学确定考核挂钩标的。可将各盟市和旗县（区）排放的化学需氧量、氨氮、二氧化硫、氮氧化物等四项污染物总量作为考核挂钩标的，重点流域各盟市和旗县（区）同时将总磷、总氮排放量纳入考核挂钩标的，并逐步将挥发性有机物和总磷、总氮排放量纳入考核挂钩标的。二是实施差别化征收标准。应由财政部门会同相关部门就地区财力情况和资源环境承载能力评价结果，分类对临界超载、未超载、已超载地区按照污染物排放量征收污染排放统筹资金，并逐步提高收取标准。三是建立浮动返还机制。自治区统筹资金根据污染物减排考核结果，对完成年度减排任务的盟市和旗县（区），按收取该地区资金总额的一定比例返还；对未完成年度减排任务的盟市和旗县（区），适当降低返还比例；减排任务未完全完成的，降低一定返还比例。同时对 PM2.5、AQI 和考核断面达标率等三项主要环境质量指标达到自治区核定任务的盟市和旗县（区），分别按收取资金总额的比例进行奖励。返还和奖励资金由各地全部用于环境治理与保护。

（四）完善有利于资源管控的资源税政策

税制具有重要的调节功能，科学合理的资源税税制对于产业升级、结构优化及资源节约和生态环境保护具有重要调节作用。为此应着重从以下方面构建有利于资源管控的资源税政策。一是完善资源税计征范围和计征方式。依据十八届三中全会决定“逐步将资源税扩展到占用各种自然生态空间”的要求，除已纳入征税范围的 7 类矿产品外，逐步将水、森林、海洋等资源的开发利用纳入征税范围。同时将计税依据由销售量改为生产（开采）量。继续加快推进其他品目资源税从价计征改革。二是合理调整资源税税负水平。应体现开采优质资源高税、劣质资源低税；税率应与资源开采率挂钩，开采率越低，税率越高。同时要考虑资源的稀缺度，稀缺度越大，税率也应相应提高。三是完善资源税配套措施。

加快完善资源产品的价格形成机制，使资源产品价格能够充分反映资源的全部价值、供求关系与环境损害补偿。完善相应的转移支付制度，对资源产区低收入、困难群体进行救助与补贴，弥补改革对其产生的负面影响。四是积极做好环保费改税工作。国家规定，环境保护税全部为地方税收，为此，要及时研究制定环保税分享比例，根据不同功能区域划分建立定额分享比例，并适时根据资源环境承载能力评价结果给予一定浮动比例，调动地方提升资源环境承载力的积极性。要建立财政、环保和地税协同推进工作机制，实现环保税的精准征收。同时，鼓励第三方监测机构积极介入，共同织密污染物排放的监督监测网络，提供及时、全面的数据，成为征税工作的重要参照。根据企业排污强度、排污量和对水体造成的影响程度，实行不同的环境保护税率标准；对企业新上污染治理项目，减少污染物排放的，适当给予奖励。五是研究建立淘汰落后生产能力的奖惩财税政策，对地方政府淘汰落后生产能力，按其实际削减的污染物排放量给予奖励；对未能按期淘汰落后产能的地方，适当扣减其转移支付额度。进一步完善差别水价和差别电价制度，引导企业减少水电资源消耗，减轻污染排放。

（五）充分发挥政府投资基金对资源环境领域资本投入的撬动作用

当前环保资金供需缺口大，社会融资存在瓶颈。在积极稳定专项资金规模的同时，研究建立环境保护基金，可以充分发挥财政资金的杠杆效应，成为实现PPP（政府和社会资本合作模式）的重要载体，是大势所趋。一方面，以财政资金为引导，撬动社会资本投入，实现社会资本与环境保护需求的有效融合，可以实现财政资金在环境保护基金中的首次放大。另一方面，不局限于直接固定资产投资的筹资拼盘，较多采用贷款和担保等与社会资金捆绑使用方式，可以实现从基金资本到项目资金总额的二次杠杆放大。目前，自治区已经成立了环境投资集团，并以此为主体发起运用投排污费、碳排放交易费等共50亿元，设立环保基金，并吸引社会投资，为此，应围绕该基金，充分发挥对环保产业的引导支持作用。一是要加快基金运作，充分运用社会募集，吸引社会资本，实现二次放大。比如国内知名的私募股权基金、风险投资基金、天使投资人。还要特别关注保险资金、养老资金等金融系资金、全国性资产管理机构资金、央企资金、银行等金融资本等。二是要建立健全科学的管理机制。明确基金运作、决策及管理的具体程序，基金募资、投资、投后管理、清算、退出等通过市场化运作。细化申请基金支持的子基金、子基金管理机构的相关条件，以及母基金对单一子基金的出资额度或比例限额等条款，防范和分散运营风险。三是要强化风险防控。要加强对引导基金的监管与指导，按照公共性原则，制定差异化、可操作的政策目标，定期对其实施效果及投资运行情况进行评估考核。此外，要按照“敢于投资、乐于退出”的理念，根据企业所处种子期、成熟期和退出期的不同阶段安排资金，并通过IPO、资产并购、股权转让和回购以及到期清算等多种方式退出。四是实施差别化的激励引导机制。基金应当根据子基金的投资领域、投资阶段、风险状况、收益水平等情况，制定不同的出资或扶持条件，引导私募基金投向。对主要投资初创期或中早期小微企业、欠发达地区企业等风险程度较高、募资难度较大但社会效益较好的子基金，基金可给予较大程度的让利，重点关注其社会效益；对主要投资成熟期、现金流充足企业，经济效益较好的子基金，基金应坚持与其他出资人同股同权或相对较高的投资回报。

（六）加大PPP模式在资源环境公共服务和基础设施建设领域的推广应用力度

一是要在新建项目中探索开展两个“强制”试点。垃圾处理、污水处理等公共服务领域，项目一般有现金流，市场化程度较高，PPP模式运用较为广泛，操作相对成熟，可“强制”应用PPP模式。未有效落实全面实施PPP模式政策的项目，原则上不予安排相关预算支出。同时，积极推进污水、垃圾处理领域财政资金转型，以运营补贴作为财政资金投入的主要方式，也可从财政资金中安排前期费用奖励予以支持，逐步减少资本金投入和投资补助。二是要加强PPP模式识别论证。在财政给予支持的资源环境公共服务其他领域，对于有现金流、具备运营条件的项目，要“强制”实施PPP模式识别论证，鼓励尝试运用PPP模式，注重项目运营，提高公共服务质量。三是积极引导各类社会资本参与。财政部门要联合有关部门营造公平竞争环境，鼓励国有控股企业、民营企业、混合所有制企业、外商投资企业等各类型企业，按同等标准、同等待遇参与PPP项目。落实好国家支持公共服务领域PPP项目的财政税收优惠政策，积极与中国政企合作投资基金做好项目对接。鼓励探索财政资金撬动社会资金和金融资本参与PPP项目的有效方式，通过前期费用补助、以奖代补等手段，为项目规范实施营造良好的政策环境。四是规范推进项目实施。要会同有关部门统筹论证项目合作周期、收费定价机制、投资收益水平、风险分配框架和政府补贴等因素，科学设计PPP项目实施方案，防止政府以固定回报承诺、回购安排、明股实债等方式承担过度支出责任，加剧地方政府财政债务风险隐患。五是要完善激励引导配套政策，要会同行业主管部门合理确定公共服务成本，统筹安排公共资金、资产和资源，平衡好公众负担和社会资本回报诉求，构建PPP项目合理回报机制。要通过PPP综合信息平台加快项目库、专家库建设，增强监管能力和服务水平。要加强信息共享，促进项目对接，确保项目实施公开透明、有序推进，保证项目实施质量。

（七）完善构建绿色金融体系财税政策

绿色信贷的发展主要是加大金融机构的绿色信贷发放力度，推动金融机构发展绿色信贷，必须以完善的财税政策作支撑。一是建立绿色金融财政贴息政策。完善财政贴息机制，鼓励绿色贷款。财政、发改部门应与银行监管部门和金融机构合作，制订科学、有效、便捷的对绿色项目的贴息计划，既支持治污改造项目，又支持新兴绿色产业，通过财政补贴、税收减免、持续的政府采购方式推动绿色增长。财政贴息的范围，可考虑根据绿色信贷发展的现状，在现行支持范围内适度进行扩展，如确定出需要长期贴息和部分临时贴息的项目情况。财政贴息的资金来源在现行财政专项资金等基础上，可考虑进一步运用政府设立的相关基金。二是支持建立绿色贷款担保机制。由于对绿色项目的专业评估能力不足，一般银行会认为许多绿色项目的风险很大，但是，对绿色金融项目提供担保，就可以保证在不良率可控的情况下，明显降低绿色贷款的融资成本。应鼓励信用担保机构加大对绿色项目贷款的担保力度，支持开展排污权、收费权、集体林权、特许经营权、购买服务协议预期收益等担保创新类贷款业务，探索利用工程污水垃圾处理等预期收益质押贷款，允许利用相关收益作为还款来源。信用担保机构对绿色贷款项目的担保等，如果不符合现行税收优惠政策，可比照享受中小企业信用担保机构的增值税优惠政策。三是鼓励发起设立绿色发展基金。建立有政府参与的绿色产业基金。国内外经验表明，政府背景的股权基金投资于绿色项目，可以大大提升民间资本对这些项目的风险偏好，有效吸引民间资金跟投。鼓励有条件的地方政府和社会资本共同发起区域性的绿色发展基金，探索投贷结合等多元支持模式，支持地方绿色产业发展。鼓励金融机构推出绿色信贷产品，支持绿色企业上市融资和再融资，探索开展环境污染强制责任保险。四是支持拓宽绿色金融合作渠道。继续广泛、深入地开展绿色金融领域的国际和国内合作，积极争取外国政府和国际金融组织节能环保贷款，积极对接清洁能源基金，有效利用国际与国内各大平台交流经验，多渠道筹集支持资金。

（八）进一步提升资源环境领域财政专项资金绩效

一是要加大整合和统筹使用力度。针对资源环境类专项资金主管部门多、项目多、使用碎片化等问题，特别是涉农涉牧资金小散多的实际，加大资金整合力度，通过资金整合和统筹使用，发挥资金的规模效应。二是改革分配方式。将专项资金由按项目法分配为主改为按因素法分配为主，根据重点任务工作量、主要污染物减排任务量、重点断面水质年度目标、土壤环境质量改善等因素合理分配，直接下达盟市旗县，增强盟市旗县资金统筹使用自主权。三是强化预算执行。要进一步细化预算编制前期工作，建立健全资源环境领域专项资金项目库，对常规项目尽早安排，分批下达项目计划，使项目资金直达，减少或取消中间拨付环节，提高专项转移支付的时效性，并对资金流向开展动态监控，实时掌握并反馈资金支付信息，发现问题要及时核查、纠正和处理，不断提高资金的到位率、支付效率和使用效益。四是加强专项资金绩效评价和监督检查。完善财政资金评价、监督和考核机制，财政和环保部门应共同设计一套科学、合理的专项经费绩效评价与考核指标，对资金的使用和效益情况进行综合评价和绩效考核。对资源环境相关专项资金实行全过程跟踪管理，加大绩效评价和监督检查力度，发现问题及时依法依规处理，并将结果作为预算安排的重要依据，确保资金用得合规、用出效益。

（九）加大对资源环境承载力配套措施支持力度

一是建立资源环境承载力评价全额财政预算管理保障体系，列入年度公共预算，并将资源环境承载力评价资金列为环境保护领域基本公共服务能力的基础性保障资金，优先满足、优先发展，形成评价经费的长效保障机制。同时，各级财政应进一步明确投入责任，加大资源环境承载力支出规模，建立一定数额的年度监测业务经费动态基金，适时提高自治区财政对地方资源环境承载力评价重大项目和重点任务的财政补助额度和标准。对临时增加的重要专项或应急任务简化预算审批程序从中支出，确保财政资金使用效益和监测评价工作效率。二是推行政府购买资源环境承载力评价服务试点，建议将污染源在线设施运营维护、城市空气和地表水水质自动监测运行维护等项目作为政府购买监测服务的优先领域稳妥推进，将所需经费全额纳入财政预算管理。但购买服务不等于推卸责任，还需通过严格的购买合同约束企业行为，并由专业机构客观公正评价服务质量，进行有力的质量监管，确保数据质量，并与经费拨付挂钩。建立并完善监测领域企业信用评价体系，实行优胜劣汰。三是推广政府绿色采购制度。政府绿色采购就是在政府采购中善意选择那些符合国家绿色认证标准的产品和服务，通过制定相应的法规制度，促使各级行政事业单位和社会团体组织进行采购时，在技术、服务等指标同等的条件下，优先采购环境标志产品，逐步淘汰对环境和人体健康有危害的产品，并引导企业加强清洁生产、资源再利用和自主创新。

专题 2

内蒙古资源环境承载力投资政策研究

投资是拉动内蒙古经济社会发展的主要力量之一，更是对区域自然资源和生态环境产生影响的重要因素。发展规划、投资方向、投资强度等投资政策的实施，直接导致内蒙古各盟市、旗县的水、土地、生态环境等资源环境承载能力发生变化。在系统梳理已有的各类投资政策工具的基础上，全面客观评价近年来区域投资政策促进内蒙古发展的积极作用和对资源环境的影响，制定和完善与资源环境承载力相符的投资政策，对于推动内蒙古经济社会持续健康发展具有重要意义。

一、资源环境承载力投资政策概述

（一）投资项目审批、核准制度和备案制度

2004年7月，国务院颁布《国务院关于投资体制改革的决定》（国发〔2004〕20号）之后，政府改革了传统的投资管理办法，按照“谁投资、谁决策、谁受益、谁承担风险”的原则，对企业不使用政府资金建设的项目不再审批，对重大项目和限制类项目从维护社会公众利益角度进行核准，其他项目均实行备案制。2004年9月，国家发展改革委颁布了《企业投资项目核准暂行办法》（发改委令19号）（已废止）和《政府核准的投资项目目录》（2004年本），为实施上述决定明确了具体管理办法。2005年7月，国家颁布了《国家发展改革委关于改进和完善报请国务院审批或核准的投资项目管理办法》（发改投资〔2005〕76号），进一步明确了发改委等政府职能部门的职责分工。

党的十八大以来，我国加快投融资体制改革，实行投资项目管理负面清单，分别于2013年、2014年和2016年三次修订发布政府核准的投资项目目录，除目录范围内的项目外，一律实行备案制，中央政府层面核准的企业投资项目削减比例达90%左右；建立以精简前置、并联审批为核心的新型核准制度；协同推进项目准入各环节的审批制度改革，清理规范项目审批各环节的中介服务事项。2014年5月，国家发改委颁布了《政府核准投资项目管理办法》（发展改革委令第11号）。同时，党中央、国务院大力推进简政放权、放管结合、优化服务改革，投融资体制改革取得新的突破，投资项目审批范围大幅度缩减，投资管理工作重心逐步从事前审批转向过程服务和事中事后监管，企业投资自主权进一步落实，调动了社会资本积极性。2016年7月，中共中央国务院颁布了《关于深化投融资体制改革的意见》，对改进和规范政府投资项目审批制度提出了新的要求。

（二）政府预算内基建投资

政府预算内基建投资是国家调控宏观经济的重要手段。党的十八大以来，我国根据经济形势的发展变化和宏观调控的特定任务，采取直接投资、贷款贴息、直接补助投资项目等形式，对财政预算内投资规模和结构进行了适时的、相应的必要调整。2016年，中央政府预算内投资安排规模达到5000亿元，重点支持保障性安居工程、粮食水利、中西部铁路、科技创新、节能环保和生态建设、教育卫生文化等社会事业、老少边穷地区建设等。

（三）发展规划和产业结构调整指导目录

发展规划是政府和企业进行投资决策的科学依据，是一定时期和一定区域内，引导投资方向，稳定投资运行，规范项目准入，优化项目布局，合理配置资金、土地（海域）、能源资源、人力资源等要素的重要手段。目前国家、自治区国民经济和社会发展“十三五”规划及专项发展规划已颁布。在发展规划的基础上，政府对产业结构调整和重点行业制定了具体的指导目录。2005年，国家发布了《产业结构调整指导目录（2005年本）》，

成为政府引导投资，管理投资项目，制定和实施财税、金融、土地、进出口等政策的主要依据。2011年3月，国家发改委发布了《产业结构调整指导目录（2011年本）》，2005年本产业目录同时废止，新的产业目录将更多科技含量高、经济效益好、资源消耗低、环境污染少、安全有保障的现代产业纳入了鼓励类项目，但同时也提高了农林业、煤炭、石化化工、钢铁、有色金属、黄金等产业的准入门槛。部分省、市、自治区也相应制定了各自的《产业导向目录》，对鼓励发展类、限制发展类、禁止发展类、淘汰类产业和项目作出了具体规定。2017年5月，内蒙古废止了《内蒙古自治区政府核准的投资项目目录（2014年本）》，发布了《内蒙古自治区政府核准的投资项目目录（2017年本）》。

（四）限制用地项目和禁止用地项目目录

根据国务院《关于发布实施〈促进产业结构调整暂行规定〉的决定》（国发〔2005〕40号）要求，2006年12月国土资源部和国家发展改革委联合发布了《限制用地项目目录（2006年本）》和《禁止用地项目目录（2006年本）》，规定凡列入《限制目录》第一至第十类的建设项目或者采用所列工艺技术、装备的建设项目，各级国土资源管理部门和投资管理部门一律不得办理相关手续；凡列入《限制目录》第十一至第十四类的建设项目，必须符合目录规定条件方可办理相关手续。同时按照国务院批准的《产业结构调整指导目录》，凡采用明令淘汰的落后工艺技术、装备，或者生产明令淘汰产品的建设项目，各有关部门不得办理相关手续。2009年，为贯彻落实国家关于抑制部分行业产能过剩和重复建设，规范房地产市场平稳运行等一系列政策要求，国土资源部又发布了《限制用地项目目录（2006年本增补本）》和《禁止用地项目目录（2006年本增补本）》。2012年，依据《产业结构调整指导目录（2011年本）》和有关产业、土地供应政策，国土资源部、国家发展改革委联合发布了《限制用地项目目录（2012年本）》和《禁止用地项目目录（2012年本）》。土地是固定资产投资的基础条件，限制用地项目和禁止用地项目目录对于所有不符合要求的新建、扩建和改建项目具有很强的禁止作用。

（五）限制开发区域限制类和禁止类产业指导目录

限制开发区域包括农产品主产区和重点生态功能区。2016年9月，内蒙古发布了《内蒙古自治区限制开发区域限制类和禁止类产业指导目录（2016年本）》，明确指出在限制开发区域内，固定资产投资项目和新设立各类市场主体在执行国家和地方相关行业准入等产业政策的同时，须执行本《目录》。经政府批准，需采取专项政策的地区按照相关政策执行；国家法律、行政法规、国务院文件有专门规定的，从其规定。《目录》中的管理措施分为限制类和禁止类两类。限制类主要包括区域限制，规模限制和产业环节、工艺及产品限制；禁止类是指不允许固定资产投资或新设立各类市场主体。对须履行项目审批法定程序的限制类项目，限制开发区域根据项目审批管理权限，属于自治区、盟市、旗县（市、区）权限审批、核准、备案的项目，除严格依据主体功能定位和国家、内蒙古产业准入条件外，还需征求同级主体功能区主管部门意见，方可予以审批、核准、备案；属于国家权限审批、核准、备案的项目，按照相关要求做好配合工作。

（六）外商投资相关规定

2002年2月，国务院颁布了《指导外商投资方向规定》（国务院令第346号）。2004年10月，国家有关部门颁布了《外商投资项目核准暂行管理办法》。党的十八大以来，我国加快外商投资领域改革。为了指导外商投资方向、保护投资者合法权益，2017年6月，针对1995年国家颁布的《外商投资产业指导目录》以及之后陆续六次修订的版本，出台了《外商投资产业指导目录（2017年修订）》。2013年5月国家修订了《中西部地区外商投资优势产业目录》，2017年3月发布了《中西部地区外商投资优势产业目录（2017年修订）》。2017年7月28日起，我国全面实施外商投资准入负面清单，负面清单之外的领域，原则上不得实行对外资准入的限制性措施。这些文件和举措成为指导审批外商投资项目和外资企业适用有关政策的依据。

（七）投资项目发行债券管理

企业债券的发行审批与国家产业政策和宏观调控政策保持着高度一致，因而具有很强的导向作用。2007年，国家发改委下达的第一批企业债券发行规模中，95家发债主体集中于能源、交通、工业、城建和高新技术，同时在投资项目上严把土地、环保、市场准入和技术、安全门槛，重点支持能源、交通等基础设施建设，以及环境整治和节能减排项目。党的十八大以来，我国发行的企业债券资金主要投向交通、能源、保障性住房等基础设施和民生工程，以及环保、旅游、养老等国家大力扶持的行业领域，促进了实体经济发展。

（八）国际金融组织和外国政府贷款

为加强国际金融组织和外国政府贷款（以下简称国外贷款）投资项目管理，提高国外贷款使用效益，2005年3月国家发改委颁布了《国际金融组织和外国政府贷款投资项目管理暂行办法》。该办法规定，国外贷款主要用于公益性和公共基础设施建设，保护和改善生态环境，促进欠发达地区经济和社会发展。借用国外贷款的项目必须纳入国外贷款备选项目规划，并根据不同情况履行审批、核准或备案手续。项目通过审批（核准、备案）手续后，用款单位须向所在地省发改委提出项目资金申请报告，由省发改委初审后，报国家发改委审批。

（九）政府和社会资本合作（PPP）模式

为贯彻落实《国务院关于创新重点领域投融资机制鼓励社会投资的指导意见》（国发〔2014〕60号）有关要求，2014年国家发改委发布了《关于开展政府和社会资本合作的指导意见》。政府和社会资本合作（PPP）模式是指政府为增强公共产品和服务供给能力、提高供给效率，通过特许经营、购买服务、股权合作等方式，与社会资本建立的利益共享、风险分担及长期合作关系。PPP模式主要适用于政府负有提供责任又适宜市场化运作的公共服务、基础设施类项目。燃气、供电、供水、供热、污水及垃圾处理等市政设施，公路、铁路、机场、城市轨道交通等交通设施，医疗、旅游、教育培训、健康养老等公共服务项目，以及水利、资源环境和生态保护等项目均可推行PPP模式。2014年1月至

2017 年 6 月，全国公示社会资本方中标的 PPP 项目共 3774 个，总金额达 5.6 万亿元。

（十）专项建设基金

2015 年，国家发展改革委和财政部、中国人民银行、银监会会同国家开发银行、中国农业发展银行和中国邮储银行发行专项债券，设立和投放专项建设基金，通过资本金注入、股权投资等方式，支持看得准、有回报、不新增过剩产能、不形成重复建设、不产生挤出效应的重点领域项目建设，特别是补短板的一些项目。

二、资源环境承载力投资政策简要评价

（一）投资政策推动经济社会持续健康发展

“十二五”以来，内蒙古围绕稳增长、调结构、惠民生，充分发挥资源和区位优势，坚持大范围配置资源，积极扩大有效投资，取得了良好的成效，2011—2016 年全区累计完成全社会固定资产投资 67964.1 亿元，2016 年全社会固定资产投资达到 15469.5 亿元，比 2010 年增长 1.6 倍。投资结构更趋合理，重点投向重大基础设施、生态文明建设、城乡功能设施、产业转型升级和社会发展等领域，一大批交通、能源、水利、信息、生态保护、环境治理、城乡协调、先进制造业、现代服务业、社会事业等重大建设项目相继建成投入使用，为内蒙古经济社会继续保持平稳健康发展作出了积极贡献（图 2-1）。

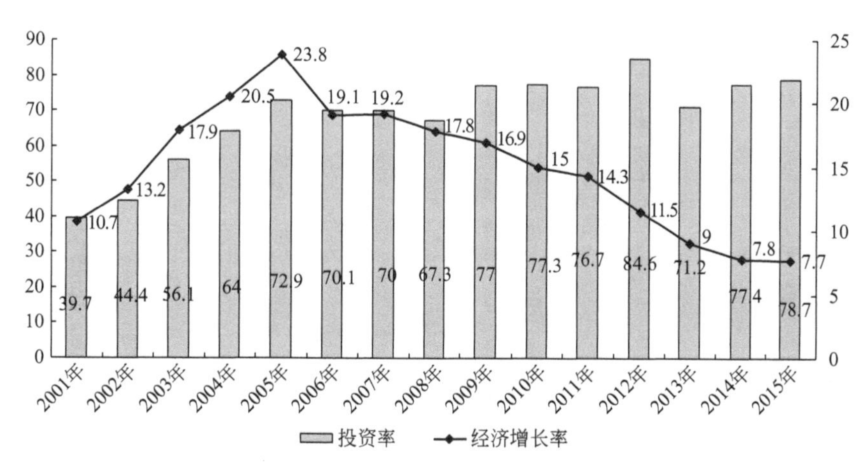

图 2-1 “十二五”以来内蒙古投资率和经济增长率变化情况（单位：%）

在内蒙古投资快速增长的过程中，区域投资政策起到了积极的作用。为了缩小地区间发展差距，国家先后实施了《中共中央国务院关于深入实施西部大开发战略的若干意见》《全国主体功能区规划》《国务院关于进一步促进内蒙古经济社会又好又快发展的若干意见》《支持集中连片特殊困难地区区域发展与扶贫攻坚的若干意见》《大兴安岭南麓片区区域发展与扶贫攻坚规划（2011—2020 年）》《呼包银榆经济区发展规划（2012—2020 年）》《国务院关于近期支持东北振兴若干重大政策举措的意见》《推动共建丝绸之路经济

带和21世纪海上丝绸之路的愿景与行动》《京津冀协同发展规划纲要》《环渤海地区合作发展纲要》《国务院关于支持沿边重点地区开发开放若干政策措施的意见》《中共中央国务院关于全面振兴东北地区等老工业基地的若干意见》《建设中蒙俄经济走廊规划纲要》等区域发展战略，出台了一系列投资优惠政策，加大了在产业结构调整、科技创新、基础设施建设、生态保护、环境治理、民生改善等方面的投入，这对促进内蒙古投资快速增长、经济持续加快发展、生态文明建设起到了重要的推动作用。

同时，内蒙古充分发挥政府投资“四两拨千斤”的引导带动作用，主动适应经济发展新常态，优化政府投资使用方向，在公共服务、资源环境、生态建设、基础设施等重点领域进一步创新投融资机制，按照主体功能定位，落实国家出台的《产业结构调整指导目录》《限制用地项目目录》《禁止用地项目目录》《外商投资产业指导目录》等投资政策，通过综合运用争取中央预算内基建投资、编制产业发展规划、加强和改进投资项目审批核准备案等手段，鼓励社会资本参与生态环保、农林水利、市政基础设施、社会事业等重点领域，使社会资本特别是民间资本在经济结构调整、薄弱环节建设、促进资源综合利用和生态环境保护等方面的积极作用得到充分发挥（表2-1）。

“八五”以来内蒙古投资和地区生产总值变化情况　　表2-1

年份(年)	全社会固定资产投资(亿元)	地区生产总值(亿元)
1991	100.66	359.66
1992	149.26	421.68
1993	217.40	537.81
1994	250.99	695.06
1995	273.06	857.06
1996	275.54	1203.69
1997	317.50	1153.51
1998	350.16	1262.54
1999	383.37	1379.31
2000	430.42	1539.12
2001	496.43	1713.81
2002	687.07	1940.94
2003	976.54	2388.38
2004	1333.66	3041.07
2005	1808.31	3905.03
2006	2291.70	4944.25
2007	2963.40	6423.18
2008	3770.67	8496.20
2009	5069.29	9740.25
2010	6035.68	11672.00
2011	7332.68	14359.88
2012	8821.13	15880.58

续表

年份(年)	全社会固定资产投资(亿元)	地区生产总值(亿元)
2013	10441.60	16916.50
2014	12074.24	17770.19
2015	13824.76	17831.51
2016	15469.50	18632.57
2017	14404.60	16103.20

资料来源：根据2017年《内蒙古统计年鉴》计算所得。

（二）投资政策不符合空间开发和资源环境承载力要求

需要注意的是，区域投资政策也存在一些不足和需要改进之处。

一方面，与空间开发管控的要求不尽相符。《全国主体功能区规划》明确提出要按照主体功能定位调整和规范空间开发秩序，形成合理的空间开发结构。内蒙古的重点开发区、限制开发区和禁止开发区的功能定位不同，即使同一个主体功能区域内的不同旗县区资源禀赋、基础设施、生态环境等发展条件也存在较大差异，这就决定了其在经济社会发展过程中需要实施差别化的投资政策。但现有的投资政策并未充分考虑这些差异，不能有效约束不符合主体功能区定位的开发行为，致使一些地区发展潜力没有充分发挥，而另外一些地区盲目追求投资规模的扩张，但效果始终不理想，与建立国土空间开发保护制度的要求还不相符。

另一方面，对资源环境承载力考虑不够。尽管经过多年的生态建设和环境保护，内蒙古生态环境恶化趋势实现"整体遏制、局部好转"，但土地荒漠化、草场退化与污染局部地区生态恶化的趋势尚未得到有效控制，大气、水、土壤、固体废物等环境形势不容乐观，结构性缺水和工程性缺水问题并存。随着经济社会发展，内蒙古资源约束趋紧，环境污染、生态系统退化等形势日趋严峻。但现有投资政策并未在充分考虑各地资源禀赋和大气、水、土壤等环境容量差异的基础上，分类施策，对生态环境造成了较大的破坏，使得一些地区资源环境承载力已达到或接近上限，制约了全区绿色发展与可持续发展。

因此，今后的区域投资政策要按照主体功能区的功能定位和发展方向，根据资源环境承载能力、现有开发密度和发展潜力，统筹考虑未来内蒙古人口布局、经济布局、国土利用和城镇化格局，在不同区域实施差别化的投资政策，实现人口、经济、资源环境以及城乡、区域协调发展。

三、资源环境承载力投资政策总体思路

（一）指导思想

全面贯彻党的十九大精神，深入贯彻习近平总书记系列重要讲话精神和治国理政新理念新思想新战略，紧紧围绕统筹推进"五位一体"总体布局和协调推进"四个全面"战略布局，秉持创新、协调、绿色、开放、共享五大发展理念，立足各主体功能区的资源环境禀赋和承载能力、功能定位和发展方向，实施差别化投资政策，限制资源环境恶化地区，

激励资源环境改善地区，有效规范空间开发秩序，合理控制空间开发强度，建立形成高效协调可持续的国土空间开发格局的投资政策环境。

（二）基本原则

有效发挥政府投资的引导和保障作用。限制开发区、禁止开发区是资源环境承载力与经济社会发展之间矛盾最大的地区，肩负着提供农畜产品和生态产品供给的功能，但地方财政多为吃饭财政，发展的迫切性较强，极容易违反限制或禁止开发的规定开展项目。重点开发区中的资源环境承载力超载和临界超载旗县区多数是经济和人口高度集聚区，在全区经济社会发展中具有重要的地位。因此，政府投资要重点保障限制和禁止开发区的生态修复、环境保护和基本公共服务均等化，并引导各类投资主体参与限制和禁止开发区的上述领域建设、限制开发区的农牧业发展。在重点开发区，政府投资重点通过引导，促进资源环境承载力超载和临界超载旗县区科技创新能力提升、产业和人口集聚发展、产业转型升级、落后产能淘汰和基础设施建设、公共服务设施建设等。

充分发挥社会资本的主体作用。从目前限制和禁止开发区的发展水平、人均收入水平与重点开发区的差距看，要实现二者在基本公共服务上的均等与生活条件上的同质，需要大量的投入，而有限的政府投资很难满足需求。从重点开发区在加强科技创新、提高产业和人口集聚度、提升基础设施支撑保障能力、保障和改善民生等方面的投资需求看，亟需大量的社会资金进入。因此，要深化投资体制改革，科学界定并严格控制政府投资范围，使政府投资退出社会资本可以替代的竞争性领域，并在坚持政府投资的引导作用和放大效应基础上，平等对待各类投资主体，确立企业投资主体地位，完善政府和社会资本合作模式，充分激发民间投资在推进形成主体功能区、缓解资源环境承载力与经济社会发展之间矛盾等方面的巨大潜力和创新活力。

综合运用多种投资管理政策约束和激励相关利益方。投资管理政策中的经济手段如政府转移投资和财政经费转移支付，受各级政府财力的限制，不可能完全满足各主体功能区特别是资源环境承载力超载和临界超载旗县区的需求。与投资相关的法律手段如外部性管理法规的立法、执法和监督，受全社会法制环境的影响，也不可能完全到位。干部业绩考评机制可以在一定程度上调动管理部门按照主体功能定位缓解资源环境承载力矛盾的积极性和主动性，但相对于目前基层政府承担的就业、社会保障、公共服务等事权职责，有限的财力仍不能从根本上解决其财力与事权不对等的矛盾。因此，在按照主体功能定位缓解资源环境承载力矛盾的过程中，必须综合运用经济、法律和行政手段约束和激励基层政府，避免资源环境承载力超载和临界超载旗县区以破坏生态环境为代价的投资建设活动。

（三）投资导向

重点开发区。重点促进产业集聚，提高自主创新能力，加快人口集聚，加强基础设施建设，强化生态环境保护和建设。采取暂停审批、限制生产、停产整顿等综合奖惩措施，切实将资源环境耗损加剧的超载和临界超载区域的各类开发活动限制在资源环境承载能力之内。

限制开发区。重点加强生态修复和环境保护，因地制宜发展适宜产业，加强公共服务设施建设，加强劳动力培训和输出。严格限批新建、改建、扩建各类生产项目，加大生态保护和建设投资，巩固和提高农畜产品、生态产品供给能力。

禁止开发区。加强基本农田保护和建设、强化生态环境保护和建设、引导人口有序转移、适度发展产业。严禁发展破坏资源环境承载能力、违法排污破坏生态资源的项目，防止生产生活活动对自然环境的破坏性影响。

四、不同资源环境承载力地区投资政策选择

投资包括政府投资和社会投资。从拉动发展的角度看，投资主要是在产业发展、城乡协调、科技创新、基础设施、生态环境、社会事业和对外开放 7 个领域发挥作用。

对不同资源环境承载力地区而言，投资政策均属于促进经济社会发展的主要政策之一，不仅超载地区、临界超载地区需要通过政府和社会资金投向生态环境、科技创新、产业升级、基础设施、社会事业、城乡协调、开放合作等领域，而且不超载地区也需要在上述领域加强投资，只是投资的时序和强度不同而已，因此需要因地制宜组合实施政府和社会投资政策。

要依据各地主体功能定位和资源环境承载力，充分发挥政府投资的导向作用，全面吸引社会资本进入，通过调控重点开发区、限制开发区和禁止开发区的投资规模和投资结构、提高投资宏观效率，优化配置资源和要素，实现各主体功能区区域内的可持续增长以及区域间的均衡发展。

对于不同承载能力地区，组合对应的预警等级，制定具有针对性、差异性、适用性的政策组合（表 2-2）。

不同资源环境承载力地区投资政策组合类型　　　　**表 2-2**

不同承载能力地区	预警等级	政策组合类型
超载	红色	把生态环境保护和建设放在首要位置，严禁资金投向资源消耗强度大、污染物排放多的领域。加大科技创新投入，引导产业转型升级，扩大开放合作，最大限度减轻产业发展对资源环境的影响。推进基础设施建设和社会事业发展，统筹城乡发展，满足城乡居民各项生活需求
	橙色	突出生态环境保护和建设，以科技创新引领产业结构优化升级，推进开放合作，以最小的资源消耗和污染物排放换取最大的发展成果。推进城乡协调发展，完善基础设施网络，发展社会事业，提高公共服务水平
临界超载	黄色	强化生态环境资金投入，实施创新驱动发展战略，推动发展方式由资源消耗为主向创新驱动为主转变。推动城乡协调发展，加强基础设施建设和社会事业发展，提高开放合作水平
	蓝色	大力支持科技创新，加快产业转型升级步伐，推动城乡协调发展，加大基础设施、生态环境、社会事业和开放合作投入
不超载	绿色	引导和支持以科技创新引领产业发展和转型，推动城乡协调发展，加强基础设施建设和生态环境保护，加大社会事业开放合作投入

（一）政府投资

1. 科技创新

支持科技创新体系建设。以高质量发展为导向，大力实施创新驱动发展战略，有助于加快推动内蒙古发展方式由主要依靠要素驱动、规模扩张向主要依靠创新驱动转变，有助于提高全区的资源环境承载力。积极争取国家各类科技创新资金。鼓励内蒙古新兴产业创业投资引导基金、重点产业发展基金、现代服务业发展基金、科技协同创新基金等，支持企业技术创新。强化企业技术创新主体地位，充分发挥财政资金的杠杆作用，针对科技创新创业企业不同阶段、不同领域的特点，综合采取风险补偿、后补助、天使投资引导基金、创业投资引导基金等引导性方式，支持企业自主决策、先行投入，推动构建以企业为主体、市场为导向、产学研相结合的技术创新体系。扶持有特色、高水平大学和科研院所发展，加强重大科研基础设施建设。加大对创新平台建设的财政投入，通常使用内蒙古战略性新兴产业发展专项资金、科技专项资金等，对高校院所、龙头企业、投资机构等共同建立的新型产业技术研究院、企业与高校院所共建的工程技术研究中心给予一次性财政资金支持和补贴，对企业建设的国家级和自治区级企业技术中心、工程技术研究中心、工程实验室（工程研究中心）、重点实验室等给予一次性财政支持。支持国家级和自治区级高新技术产业开发区、农业科技园区、可持续发展实验区等科技园区和小微企业创业创新基地建设。加大对生产力促进中心、科技企业孵化器、企业咨询机构等高新技术企业培育服务机构建设的财政投入。依据国家《产业结构调整指导目录（2011 年本）》和内蒙古“十三五”产业发展专项规划，实施内蒙古科技重大专项和创新能力提升工程，瞄准国内外科技前沿领域和顶尖水平，加大对清洁能源、现代煤化工、有色金属和现代装备制造、绿色农畜产品、文化科技融合、生态与环境、现代蒙医药、稀土、节能环保、生物技术、新一代信息技术、云计算与大数据、智能制造、新材料等领域关键核心技术创新突破的财力支撑。在内蒙古科技协同创新基金中设立天使基金，整合财政科技专项资金，加大对内蒙古重点产业发展和小微科技型企业的支持力度。逐步扩大政府天使投资引导基金规模，加大对创新成果在种子期、初创期的投入，引导社会资本进入。建立政府对天使投资的风险补偿机制，对创业投资机构投资种子期、初创期科技型企业发生的实际投资损失分档给予一定比例的风险补偿。探索组建大型政策性融资担保机构，设立中小微企业信用担保基金，采取融资担保、再担保、股权投资等方式，完善科技型中小企业和小微企业创业创新发展的融资担保服务体系。设立融资担保资金，通过财政资金注入、吸收国有资本和民营资本入股等途径，鼓励融资担保机构创新业务品种和反担保措施，为科技类企业和项目融资提供增信服务。设立科技创业种子资金，采取无偿资助、贷款贴息方式支持科技企业孵化器、科技型初创期企业、小微科技企业、研究院、创新平台等。设立科技贷款风险补偿专项资金，鼓励引导金融机构创新服务模式，积极运用银团贷款、并购贷款等方式支持科技创新。

支持科技成果转化。积极申请国家科技成果转化引导基金。充分发挥政府资金在信用增进、风险分散、降低成本等方面的作用，促进科技成果转化。内蒙古科技成果转化专项资金主要用于科技成果转化引导、后补助、创新券、风险补偿等。通过政府首购、订购等政策，采购新技术、新工艺、新材料、新产品、新服务，支持科技成果转化。采取事后奖补、以奖代补、风险补偿等方式，支持首台（套）装备的研发和使用，对首次购买具有自主知识产权的重大成套设备及核心零部件等先进装备的企业给予补贴。内蒙古科技协同创新基金设立科技创业投资子基金，支持开展科技成果转化的初创期企业。科技成果受让方可申请科技创新券，在转化过程中用于支付大型科学仪器、科技文献信息等创新服务费用。扶持发展多层次的技术（产权）交易市场体系，以“互联网＋技术交易”为核心，建设一批线上线下相结合的区域性、行业性技术交易市场。支持检验检测平台建设，对新建的国家级、自治区级检验检测中心给予一次性补助。设立创新创业投资引导、知识产权运营、军民融合产业发展、科技成果转化投资引导、中小企业发展、新兴产业创业投资等科技成果转化相关基金，用于支持高投入、高风险、高产出的科技成果转化，加速重大科技成果产业化。采取贷款风险补贴、后补助、贷款风险补偿、知识产权质押融资风险补偿等新型支持方式，鼓励和支持各成果转化主体参与科技成果转化。支持建设集专利快速审查、快速确权、快速维权等于一体，审查确权、行政执法、维权援助、仲裁调解、司法衔接相联动的知识产权保护中心。加大对煤炭、稀土、新材料、光伏、高端装备制造、生物技术、现代蒙医药等实用高新技术产业成果转化后补助力度。

支持大众创业、万众创新。将内蒙古新兴产业创业投资引导基金与国家新兴产业创业投资引导基金配套，鼓励各盟市设立创业投资引导基金，引导社会资本支持大众创业、万众创新。发挥财政资金杠杆作用，发展天使投资、创业投资、产业投资，支持风险投资，形成多渠道、多元化资金投入方式，打造一批具有较强辐射带动和引领示范作用的区域创业创新中心。采取政府资金与社会资本相结合的方式支持“大众创业、万众创新”示范基地建设，建设一批低成本、便利化、全要素、开放式的创客空间、创新工厂、创业咖啡、星创天地等众创空间，构建创新与创业、线上与线下、孵化与创投相结合的新型孵化平台和公共服务体系。优化财政资金支持方式，对众创空间建设中发生的孵化用房改造费、创业孵化基础服务设施购置费、贷款利息等给予一定补贴；通过政府购买中介、会计、法律等服务，降低创业者、创业团队和初创科技企业的创业成本。加大对科普基础设施建设的财政投入。

支持人才强区建设。发挥人才发展相关资金、产业投资基金等政府投入的引导和撬动作用，建立政府、企业、社会多元投入机制。积极运用政府与社会资本合作（PPP）、股权投资引导基金、政府购买服务等方式，吸引社会资本投入人才基础设施建设。支持院士工作站、博士后流动站等人才创新创业平台建设。支持建设一批功能齐全、设施先进、利用率高、适应产业发展需要的大型、综合型和地方特色型的多层次职业技能公共实训基地。继续实施就业技能实训基地“以奖代补”项目，打造一批重点产业订单定向培训基地。支持建设高技能人才培训基地及技能大师工作室建设。支持建设统一开放的科技人才市场，发展职业经理人人才市场、高新技术人才市场等内外融通的专业型人才市场及网络人才市场，促进人力资源管理咨询、人才培训、人才测评等人才服务专业领域发展。

2. 产业发展

引导产业集聚发展。推动内蒙古产业集中、集聚、集约发展，可以实现以最小的能源资源消耗与环境损耗换取最大的经济效益。综充分发挥财政资金的导向作用，综合考虑资源环境承载能力、发展基础和发展潜力，科学引导产业布局，着力提升产业集群发展水平。依据《内蒙古自治区农牧业现代化第十三个五年发展规划》《内蒙古畜牧业发展“十三五”规划》，统筹农牧业综合开发、高标准农田建设、农田水利建设、耕地保护与质量提升、测土配方施肥等涉农、涉牧资金，更多用于优先支持嫩江流域、西辽河流域、土默川平原、河套灌区粮食生产能力建设和通辽、赤峰、呼伦贝尔、兴安、巴彦淖尔等粮食生产基地建设，引导肉牛养殖向嫩江、西辽河、黄河三大流域和呼伦贝尔、锡林郭勒两大草原等五大牛奶生产区域集中，肉牛养殖向中东部草原优质肉牛产区、农牧结合肉牛产区、西部新兴高端肉牛产区以及奶牛公犊育肥区集中，巩固提升草原牧区肉羊养殖，稳步提高农区、农牧交错区肉羊养殖。依据《内蒙古自治区“十三五”开发区发展规划》，支持一批创新能力较强、产业规模较大、产业链条较长、绿色发展水平较高的重点产业集群，形成一批国家级开发区和千亿元园区，鼓励重点工业园区整合同一行政区域的其他工业园区，推动开发区发展从规模速度型粗放增长向质量效益型集约增长转变；充分发挥内蒙古重点产业发展专项资金（基金）的引导作用，创新园区基础设施建设多方投入机制，完善园区融资担保体系；设立内蒙古开发区发展专项基金，支持开发区产业转型、基础设施建设和公共服务配套；整合节能减排、技术改造、循环经济、高新技术产业化等各类专项资金向国家级开发区和千亿园区集中投入。支持现代物流园区、商贸功能区、旅游休闲区、中央商务区、科技创业园区、文化创意产业园区等服务业集聚区建设和提档升级，服务业发展引导资金重点支持现代服务业集聚区的商务服务、信息服务、金融服务、专业技术服务、中介服务等公共服务平台建设项目，促进企业集中、产业集聚、资源共享、经营集约。

支持农牧业现代化。加大政府对农牧业现代化的投入，有助于内蒙古加快形成与资源环境承载力相匹配、与生产生活生态相协调的农牧业绿色发展格局。积极争取中央预算内投资，依据《内蒙古自治区农牧业现代化第十三个五年发展规划》《内蒙古畜牧业发展“十三五”规划》，支持粮食生产、标准化规模养殖场（小区）建设、种养业循环一体化发展和农田水利基础设施建设等。按照“渠道不变、用途不改、各负其责、各记其功”的原则，整合国家和内蒙古涉农涉牧资金，统一调配支持绿色种业提升、绿色发展示范县、粮改饲大县推进示范、畜牧业转型升级示范、绿色畜产品全产业链追溯体系等重大工程建设。建立多元化投融资机制，积极探索财政资金与金融资本、社会资本相融合的有效模式，发挥财政资金杠杆作用和乘数效应，采用信贷担保、贴息等方式引导和撬动金融资本、社会资本支持现代农牧业建设。设立农牧业专项防灾救灾基金，建立重特大自然灾害应急救灾储备金，提高防灾减灾和应急保障能力。积极争取国际间政府贷款，加大对农牧业基础设施建设的投入。

支持新型工业化。坚持走新型工业化道路，发展绿色工业，对于解决内蒙古工业化速度与资源环境承载力不平衡的问题、实现高质量发展具有重要意义。整合利用工业转型升级、技术改造、战略性新兴产业发展专项资金，高技术产业发展专项资金，智能制造专项资金，先进制造产业投资基金等各类扶持工业发展的专项资金，引导金融和社会资本注入，支持优势产业、战略性新兴产业快速发展。依托原料富集配套、能源充沛和低电价、区位独特等优势，立足现有产业基础，围绕建设新能源、新材料、节能环保、高端装备、生物科技等战略性新兴产业特色园区，拍卖煤炭资源建立产业发展资金（基金），也可以园区为单位统一计算投资额配置煤炭资源，加快承接产业转移，带动战略性新兴产业发展。设立先进制造业政府引导基金，支持前沿新材料、新能源、现代装备制造等重点先进制造业做大做强。设立大数据产业发展引导基金，与天使投资基金、风险投资基金、私募股权投资基金、产业投资基金等共同构建多层次投资体系。鼓励政府和金融机构、民间资本建立稀土产业发展基金，引导社会资源投资稀土新材料应用领域。内蒙古重点产业发展引导基金和重点产业发展专项资金对符合条件的提质增效改造、“两化融合”和智能化改造、技术装备更新改造、军民融合改造、工业绿色升级改造等工业技术改造项目给予支持。围绕实施“互联网＋”行动计划，充分利用科技重大专项、技术改造资金、工业转型升级资金、专项建设基金等渠道，加大对互联网创新成果与经济社会各领域深度融合共性技术开发、公共平台建设和试点示范项目的支持。按照《产业结构调整指导目录（2011年本）（修正）》的要求，充分利用国家工业企业结构调整专项奖补资金，筹集淘汰落后产能奖励资金，推动煤炭、钢铁、水泥等一批能耗、环保、安全、技术达不到标准和生产不合格产品或淘汰类产能，依法依规关停退出，促使环境质量得到改善，产业结构持续优化升级。

支持现代服务业。现代服务业本身具有能源资源消耗较低、对环境和生态影响较小的特点。加快发展现代服务业，可以有效减少内蒙古经济发展对资源能源的消耗及对生态环境的负面影响。积极申请国家各类服务业引导资金，发挥好内蒙古服务业发展引导资金的作用，采用无偿资助、贷款贴息等方式安排使用，主要用于设备购置安装、软件开发、技术转让、人员培训、系统集成、设计咨询、研发测试、资质认证、建设期利息等。重点支持内蒙古“十三五”规划明确的金融业、现代物流业、科技服务业、信息技术服务业、检验检测认证服务业、农牧业生产服务业等生产性服务业，以及旅游业、体育产业、商贸流通业、健康养老服务业等生活性服务业中发挥引领作用的重点项目，支持服务贸易、服务外包产业发展，支持能够提供信息、技术、人才、贸易、资金等服务支撑和完善服务业发展环境的公共服务平台建设。通过贷款贴息、以奖代补等方式培育一批服务业示范性经营项目。

3. 城乡协调

加大市政基础设施建设投入。支持各盟市、旗县财政按照资源环境承载力建设城镇基础设施，可以推动自治区城镇化由偏重规模扩张向注重质量内涵提升转变。用好、用足国家已出台的各类资金支持政策，积极争取国家级专项资金。各级财政按照事权和支出责任相匹配的原则，把加强和改善城市市政基础设施建设作为重点工作，建立稳定的财政投入长效机制。强化地方政府对城市市政基础设施建设的资金保障，加大对造成城市交通拥堵、黑臭水体、垃圾围城和内涝等城市病的短板设施以及海绵城市、综合管廊等市政基础设施建设的投资。

加大棚户区政府资金投入。推进棚户区改造，可以促进城镇低效用地再开发和环境整治，实现城镇地尽其利、地尽其用和环境改善。积极争取并用足、用好国家安排的城市棚户区改造中央预算内投资资金，通过奖励、补助和贷款（债券）贴息等形式用于棚户区改造，根据棚户区改造项目的难易程度和盈利状况调整资金补助额度。切实加大棚户区改造资金投入，从城市维护建设税、城市基础设施配套费、城镇公用事业附加、土地出让收入等渠道中，安排资金用于城市棚户区改造。将全部以出让方式供地的城市棚户区改造项目的出让土地净收益按规定提取有关费用后，全部用于城市棚户区改造和保障性住房建设。允许盟市、旗县从国有资本经营预算中适当安排部分资金用于国有企业棚户区改造。盟市、旗县财政根据实际需要，可对城市棚户区改造项目给予贷款贴息。

加大美丽乡村建设投入。支持美丽乡村建设既是内蒙古落实国家乡村振兴战略的重要方面，也是降低农村牧区经济社会发展资源能耗强度、改善农村牧区生产生活环境的重要途径。明确各级政府事权和投入责任，完善美丽乡村建设的财政投入稳定增长机制，构建事权清晰、权责一致、中央支持、自治区级统筹、盟市和旗县级负责的美丽乡村建设投入体系。科学编制实施乡村规划，加大涉农资金和项目整合力度，集中捆绑投向新农村，加强教育、医疗、文化等公共服务设施建设，全力推进危房改造、安全饮水、街巷硬化、电力村村通等基础设施建设，大力开展垃圾收集处理、卫生厕所改造、绿化美化亮化等农村牧区人居环境综合整治。对农村牧区道路、卫生厕所改造、绿化美化亮化等没有收益的建设项目，建设投入以政府为主，鼓励社会资本和农牧民参与。对农村供水、污水垃圾处理等有一定收益的建设项目，建设投入以政府和社会资本为主，积极引导农牧民投入。对农村牧区供电、电信等以经营性为主的基础设施，建设投入以企业为主，政府对贫困地区和重点区域给予补助。

4. 基础设施

支持交通基础设施建设。强化政府对各类基础设施建设的投入，可以引导人口、产业有序集聚，构建集疏适度、优势互补、集约高效的国土集聚开发空间格局。进一步加大自治区、盟市、旗县（市、区）三级政府对公路、铁路、民航建设投资力度。自治区财政通过预算安排、发行地方专项债券、交通基础设施 PPP 基金、争取中央交通专项债券等每年筹措 250 亿元建设专项资金。在保证现有价税改革交通专项资金的基础上，内蒙古每年筹措 100 亿元公路建设专项资金，主要用于地方高速公路资本金和普通国道、省道补助资金；盟行政公署、市人民政府和旗县（市、区）人民政府按照事权与支出责任相一致的原则，解决本级政府应承担的建设资金。内蒙古每年筹措 100 亿元铁路建设专项资金，主要用于快速铁路和自治区确定的重点铁路项目，项目征地拆迁费用由盟行政公署、市人民政府负责，项目工程费用由盟市和自治区按比例分担。内蒙古每年筹措 50 亿元民航建设专项资金，重点用于支持干线、支线、通用机场建设，盟行政公署、市人民政府和旗县（市、区）人民政府负责承担本级的相应建设资金。充分发挥内蒙古高等级公路建设开发有限责任公司、内蒙古公路交通投资发展有限公司、内蒙古交通投资有限责任公司及盟市交通基础设施建设平台的职能职责，在进一步加大融资力度的基础上，充分发挥建设、运营、维护的优势，加快推进公路、铁路、民航基础设施建设。进一步扩大内蒙古公路、铁路交通基础设施产业基金规模，充分发挥引导增信作用，并适当延长基金使用期限。

支持能源设施建设。积极争取国家对社会效益明显而经济效益较低的农村电网改造、天然气管道及储气设施建设，在投资补助、供气价格等方面给予政策支持。积极争取中央财政对新能源汽车充电基础设施建设、运营的奖补资金，用于支持充电设施建设运营、改造升级、充换电服务网络运营监控系统建设等相关领域。充分发挥财政资金的引导作用，支持农村牧区电网改造升级、城市配电网建设、燃气管网建设、充电设施建设等。

支持信息基础设施建设。积极争取国家各类信息化相关重大专项资金，鼓励各部门支持企业申报各类信息化项目。加大各级政府投入力度，重点支持具有战略作用、公益性质的信息基础设施升级、跨部门协同应用系统和公共服务平台建设、创新性应用的示范推广。建立信息化与各项事业的经费同步增长机制。落实国家电信普遍服务补偿政策，对宽带普及提速工程有关项目给予重点支持。完善政府采购云计算服务的配套政策。各盟市制定宽带网络建设的支持政策措施，有条件的地区对互联网众创园的宽带网络给予适当补贴。

支持农牧业和水利工程建设。积极争取国家资金投入。各级政府认真履行农牧业和水利工程建设与管理的主要责任，随着财力增长，在新增财力中安排一定比例的资金并逐年加大投入力度，保证农牧业和水利工程建设需要。整合现有农田水利、土地整理、农牧业综合开发及各级政府与企业项目资金，不断加大对农牧业和水利工程建设的投入。设立小型农田水利设施建设补助专项资金，采取以奖代补、发动群众投资、投劳等形式给予奖励补助。以水利建设基金、水资源费、水土流失补偿费等收费权为质押，通过信贷融资方式筹措资金，加大农牧业和水利工程建设投入力度。

5. 生态环境

支持生态保护。支持生态保护和建设是政府投资的应有之义。积极争取和实施好天然林资源保护、“三北”防护林、新一轮退耕还林还草工程、京津风沙源治理二期、坡耕地水土流失综合治理、东北黑土地水土流失综合治理、黄土高原淤地坝建设、重点小流域综合治理等国家重点生态项目和资金。自治区、盟市、旗（县、区）各级财政将生态保护作为公共财政支出重点，不断加大投入力度。加大对重点区域绿化、草原生态保护、科尔沁等沙地治理、黄河内蒙古十大孔兑综合治理、黄河粗泥沙集中来源区拦沙、湖泊湿地保护、退耕还湿等生态工程项目建设投入，加大呼伦湖、达里诺尔湖、乌梁素海、岱海生态与环境综合治理实施力度。设立政府性投资基金，改变财政资金直接投资和无偿补助等传统投资方式，通过政府出资、适当让利，充分发挥财政资金的杠杆功能、引导作用和增信效应，广泛吸引社会资本投资生态建设。完善草原生态补奖机制和森林生态效益补偿制度。研究建立地区间、流域间横向生态保护补偿机制。研究设立全区草原生态治理专项资金。

支持环境治理。推进环境综合治理是政府的职责所在。积极争取国家大气、水、土壤、重点生态保护治理等污染防治专项资金。加大各级财政对环境治理的投入，重点投向脱硫脱硝除尘改造、秸秆露天焚烧、城市扬尘、餐饮业污染、挥发性有机物综合整治、移动源污染防治等大气污染防治，重点流域水污染联控共治、地下水污染治理、饮用水源保护和水源地环境整治等水污染防治，污染场地治理修复、耕地土壤环境保护、农业面源和规模化畜禽养殖污染防治等土壤污染防治，城镇医疗废物、生活垃圾、污泥和工业固体废物等固体废弃物处理处置，以及噪声污染防治、核与辐射污染防治等领域。统筹安排使用地质矿产、矿山生态环境治理、重金属污染防治、土地复垦等财政资金，推进矿山环境治理恢复。推行政府与社会资本合作（PPP）模式，鼓励和引导银行业金融机构加大对环境保护与污染防治项目信贷支持力度，推行绿色信贷。进一步发展壮大内蒙古自治区环保基金，通过专业化管理和市场化运作，有效放大政府资金使用效益，撬动更多社会资本投向绿色产业。充分发挥绿色基金的作用，将更多分散的社会资本、金融资本等可投资资金有效转化为符合绿色经济和绿色产业发展需要的资本金，支持节能减排、低碳经济发展、环境优化改造等项目，或参与绿色产业企业的并购重组。

支持循环经济发展。引导和支持企业发展循环经济是降低产业发展过程中物耗、能耗、水耗等的主要方式之一。落实《产业结构调整指导目录》《外商投资产业指导目录》《限制用地项目目录》和《禁止用地项目目录》，严格节能、环保等方面的约束。设立发展循环经济的有关专项资金，支持循环经济的科技研究开发、循环经济技术和产品的示范与推广、重大循环经济项目及园区循环化改造的实施、发展循环经济的信息服务等。各级政府投资主管部门在制定和实施投资计划时，对有利于发展循环经济发展的重大项目和技术开发给予直接投资或资金补助、贷款贴息等支持。鼓励有条件的地区建立循环经济投资基金，带动其他基金投向循环经济。发挥政府投资对社会投资的引导作用，加快发展合同能源管理、合同环境服务等新模式，鼓励民间资本、不同经济成分和各类投资主体参与循环经济发展。引导各类金融机构对促进循环经济发展的重点项目给予金融支持，大力推广绿色信贷、绿色债券，支持符合条件的项目通过资本市场融资，积极探索排污权抵押等融资模式。

6. 社会事业

支持扶贫攻坚。积极争取中央财政对贫困地区的一般性转移支付和中央财政专项扶贫资金。保持自治区本级专项扶贫投入逐年递增，逐步建立起稳定增长的财政扶贫投入机制。按照“渠道不乱、用途不变、配套使用、各记其功”的原则，统筹整合用于支持农牧业生产发展、农村牧区基础设施建设等各类涉农涉牧资金，通过政府和社会资本合作、政府购买服务、贷款贴息、设立产业发展基金等有效方式，充分发挥财政资金引导作用和杠杆作用，撬动金融资本、社会资金参与脱贫攻坚。整合教育、医疗、卫生计生等社会事业方面资金，实施教育扶贫、健康扶贫等重点工程，确保资金精准有效使用。建立脱贫攻坚

“以奖代补”激励机制，按照2017年减贫20万以上贫困人口的目标任务，自治区财政再安排10亿元专项扶贫资金，采取“以奖代补”的方式，按照每脱贫一人奖励5000元的标准，依据各旗县年度减贫人口数量奖励到旗县，由旗县统筹安排，用于巩固脱贫成果、改善基础设施及建设公益性社会事业项目。由自治区财政安排20亿元设立农牧业产业扶贫发展基金，通过吸纳金融资金和社会资本投入，力争使扶贫产业基金总规模达到100亿元，重点支持能带动贫困户稳定增收的扶贫龙头企业。

支持社会事业发展。政府投资是不同资源环境承载能力地区基本公共服务能力建设的主要资金来源。积极履行公共财政职责，确保社会事业投入中的政府主导地位。健全社会事业支出稳定增长机制，优先安排预算用于基本公共服务。扩大基本公共服务资金来源，拓宽政府筹资渠道，规范基本公共服务支出管理，增加基本公共服务软、硬件投入。推进教育现代化，统筹支持民族教育、学前教育、义务教育、高中阶段教育、现代职业教育、高等教育和特殊教育发展，加大对薄弱学校、农村牧区中小学和现代远程教育平台及网络等方面的投入力度。促进就业创业，支持劳动力市场、创业创新公共平台、创业教育和培训、国家和自治区级“创业型城市”创建和就业创业服务体系建设。强化对社会保障公共服务能力建设的投资，支持定点医疗机构网络监控系统、基层劳动就业和社会保障综合服务平台建设项目、金保工程二期项目、互联互通惠民便民建设项目等建设。

7. 开放合作

加大对企业“走出去”财政支持力度。引导和鼓励社会资本“走出去”，是推动内蒙古产能拓展国际发展新空间、减轻对自身资源环境损耗程度的重要选择。充分发挥各级财政政策和政府性资金的引导作用，积极争取并用好国家外经贸发展专项资金，自治区财政每年安排一定规模外经贸专项资金，鼓励各盟市在本级财政预算内安排相应的专项资金，对“走出去”项目予以支持，强化与“一带一路”沿线国家经贸务实合作，扩大内蒙古对外贸易和对外经济技术合作。统筹中央和自治区外经贸发展专项资金，按照《境外投资管理办法》（商务部令2014年第3号）的要求，根据自治区“十三五”规划及相关专项规划，采取境外投资项目补贴、对外投资合作保险项目补贴、对外承包工程大项目奖励、对外承包工程保函补贴、运保费补贴、对外承包工程保函补贴、中介服务费用补助等多种形式，引导和吸引社会资金注入，助力企业实施“走出去”战略，参与境外资源合作开发、境外产业园区建设、对外工程承包和劳务合作业务发展、境外营销网络建设、服务外包、人文科技教育交流合作。对符合国有资本经营预算支持方向的境外项目，国有资本经营预算要给予支持。推动各类股权投资基金和风险投资基金参与企业境外投资。对企业在境外开展绿地投资、资源开发、跨境并购、营销网络等项目，按中方当年投资额给予补助。对重点境外投资合作企业、境外产业合作园区、境外经贸合作区、重大境外并购项目实施企业给予适当奖励。

支持对外开放平台建设。按照内蒙古边境地区转移支付资金管理办法规定，加大对满洲里重点开发开放试验区、二连浩特重点开发开放试验区、呼伦贝尔中俄蒙合作先导区、二连浩特—扎门乌德等跨境经济合作区建设等的扶持力度，支持互市贸易区、边境经济合作区、旅游经济合作区、综合保税区建设。

（二）社会投资

对于不同资源环境承载力地区，组合对应的预警等级，制定具有引导性、差异性、适用性的投资政策组合。（表 2-3）

不同资源环境承载力地区社会投资政策组合类型 **表 2-3**

不同承载能力地区	预警等级	政策组合类型
超载	红色	多措并举引导社会资金投向把生态建设和环境保护。鼓励社会资本加大科技创新投入，促进产业转型升级。支持社会资本进入城乡协调、基础设施和社会事业领域，参与开放合作
	橙色	大力支持社会资本全面参与生态环境保护和建设。加大产业发展急需的技术创新投入，推动产业结构优化升级。引导社会资金参与城乡协调发展、基础设施建设、社会事业发展和开放合作
临界超载	黄色	鼓励社会资本投向生态建设和环境保护。引导社会资金投向产业技术创新、城乡协调发展、基础设施建设和社会事业发展，推动开放合作
	蓝色	支持社会资金投向科技创新、产业转型、城乡协调、基础设施、生态环境、社会事业和开放合作等领域
不超载	绿色无警	鼓励和引导社会资金投向科技创新、产业转型，参与城乡协调发展、基础设施建设、生态环境保护、社会事业发展和开放合作

1. 科技创新

强化企业技术创新主体地位。引导企业加强科技创新能力建设，不仅可以推进能源资源节约和高效利用，而且可以大大削减生产经营活动对大气、水、土壤等环境的损害。发挥大型企业创新骨干作用，培育一批创新能力强、经济效益好、带动作用大的高新技术企业，引导和支持创新要素向企业集聚，运用财政奖补机制激励引导企业普遍建立研发准备金制度，推动企业真正成为技术创新决策、研发投入、科研组织和成果转化的主体。引导领军企业联合中小企业和科研单位系统布局创新链，提供产业技术创新整体解决方案。引导大中型企业加强研发机构建设，优先支持行业骨干企业、科技型企业建设一批高水平的工程技术研究中心、重点实验室、企业技术中心、院士工作站、博士后科研工作站、博士后创新实践基地，牵头组建产业技术创新联盟和产业共性技术研发基地，逐步实现大中型企业研发机构全覆盖。鼓励中小型科技企业加快发展，以园区为载体，引导科技型中小企业按专业特色、产业链关联集聚发展，打造科技型中小企业集群。

鼓励发展新型研发机构。引导和支持企业立足于服务优势特色产业转型升级和战略性新兴产业发展，联合科研院所及高等院校，共建技术与产业相结合、研发与孵化相结合、科技与金融相结合、管投分离和独立运作的新型研发机构。鼓励龙头企业和高新技术企业创建专业性的新型研发机构。支持企业组建新型研发机构创新联盟，通过整合联盟内创新资源，促进新型产业创新平台和产业链上下游企业研发机构的有效对接，为解决行业共性技术和企业新产品技术开发难题提供服务。

2. 产业发展

吸引社会资本投资农牧业。要推动内蒙古农牧业绿色发展、可持续发展，就必须引导社会资金以绿色生态为导向，努力实现耕地数量不减少、耕地质量不降低、地下水不超采，化肥、农药使用量零增长，秸秆、畜禽粪污、农膜全利用。围绕深化农业供给侧结构性改革，依据内蒙古“十三五”规划、内蒙古农牧业现代化“十三五”规划、内蒙古畜牧业“十三五”规划，引导社会资本参与粮食产能建设、现代养殖业发展。鼓励社会资本参与嫩江流域、西辽河流域、土默川平原、河套灌区等粮食主产区建设，参与耕地质量保护与提升、节水增效、土地整治、中低产田改造等。鼓励社会资本投资建设牧区生态家庭牧场和农区标准化规模养殖场，发展现代饲草饲料加工业、草产业、现代渔业。鼓励社会资本投资发展经营性农牧业科技推广服务体系。

吸引社会资本构建现代工业新体系。引导企业构建现代绿色制造体系，将绿色设计、绿色技术和工艺、绿色生产、绿色管理、绿色供应链贯穿于产品全生命周期中，不仅能获得经济效益，而且能获得良好的生态效益和社会效益。以工业供给侧结构性改革为主线，按照内蒙古“十三五”规划、内蒙古“十三五”工业发展规划和相关产业规划，围绕建设国家重要能源基地、新型化工基地、有色金属生产加工基地、绿色农畜产品生产加工基地和抢占战略性新兴产业发展制高点，吸引投资者投资能源、新型化工、冶金建材、绿色农畜产品等优势特色产业和先进装备制造、新材料、生物产业、煤炭清洁高效利用、新能源、节能环保、电子信息等战略性新兴产业项目。

吸引社会资本发展现代服务业。引导社会资金发展水耗、能耗和物耗水平低的现代服务业，是提高内蒙古资源环境承载力的必然选择。支持社会资本发起或参与设立民营银行和小额贷款、金融资产管理、农牧业保险、金融租赁、消费金融、汽车金融等金融主体，发起设立地方法人保险公司和金融中介服务机构，发展各种商业性担保机构、民间互助性担保。鼓励社会资本投资建设配送中心、冷链物流中心和农村牧区双向流通综合物流平台，发展第三方物流、连锁配送。引导社会资本参与科技服务平台、孵化基地建设。鼓励社会资本发展第三方检验检测认证、专业化农牧业生产服务。支持社会资本投资开发生态、乡村、文化、边境、冰雪、红色、航天、沙漠等主题旅游产品，参与旅游景区和餐饮、住宿、娱乐、购物等配套设施建设。引导社会资本投资建设商场超市、农产品批发市场、农贸市场等，发展连锁经营、电子商务等现代流通形式。合理引导社会资本发展房地产业，大力发展健康养老产业。

3. 城乡协调

鼓励社会资本投资运营市政基础设施。引导社会资金依据各盟市、旗县的资源环境承载力投向城镇基础设施建设，有助于促进城镇集约化发展。加大对市政基础设施建设运营引入市场机制的政策支持力度，推动市政基础设施建设运营事业单位向独立核算、自主经营的企业化管理转变，深化政府和社会资本合作，加快城市基础设施和公共服务设施建设。根据经营性、准经营性和非经营性项目不同特点，采取更具针对性的政府和社会资本合作模式，对于经营性领域，推行投资运营主体招商，政府不再参与直接投资；对于准经营性领域，推行政府与社会资本合作、股权合作等模式；对于非经营性领域，允许社会资本采取捆绑式项目法人招标等方式参与投资运营。大力推广政府和社会资本合作模式，政府通过规划确定发展目标、任务和建设需求，采取公开招标、邀请招标、竞争性谈判等方式择优选择社会资本合作伙伴，通过合同管理、绩效考核、按效付费等形式实现全产业链和项目全生命周期的 PPP 合作。通过特许经营、投资补助、政府购买服务等多种方式，鼓励社会资本投资城镇供水、供热、燃气、污水垃圾处理、建筑垃圾和餐厨垃圾资源化利用、城市地下综合管廊、公园配套服务、公共交通、停车设施、既有建筑节能改造等市政基础设施项目。鼓励引入专业第三方机构进行整体式设计、模块化建设、一体化运营。推进盟市、旗县（市、区）、苏木乡镇和嘎查村级污水收集和处理、垃圾处理项目按行业“打包”投资和运营，鼓励实行城乡供水一体化、厂网一体投资和运营，降低建设和运营成本。政府依法选择符合要求的经营者，鼓励采用委托经营或转让—经营—转让（TOT）等方式，将已经建成的市政基础设施项目转交给社会资本运营管理，通过资产租赁、转让产权、资产证券化等方式有效盘活市政基础设施存量资产。鼓励打破以项目为单位的分散运营模式，实行规模化经营，降低建设和运营成本，提高投资效益。完善市政基础设施价格形成、调整和补偿机制，实行上下游价格调整联动，价格调整不到位时，可根据实际情况安排财政性资金对企业运营进行合理补偿，确保经营者能够获得合理收益。支持符合条件的企业通过发行企业债券、公司债券、资产支持证券和项目收益票据等募集资金，用于城镇建设项目。鼓励产业园区设立产业投资基金或采取政府和社会资本合作（PPP）模式，吸引社会资金投资园区基础设施和重大产业项目建设。

鼓励社会资本参与棚户区改造。社会资金是加快内蒙古棚户区改造、推动城镇化过程中低效用地再开发不可或缺的力量。按照与国有企业“同策同价、一视同仁”的原则，鼓励和引导社会资本通过直接投资、间接投资、参股、委托代建等多种方式参与棚户区改造，享受各项优惠政策和资金补助。积极鼓励国有工矿企业、国有林区（场）、国有垦区（农场）出资参与政府统一组织的国有工矿棚户区、国有林区（场）危旧房和国有垦区（农场）危房改造。加强指导监督，消除社会资本参与棚户区改造的政策障碍。

鼓励社会资本投资美丽乡村建设。以资源环境承载力为基础、以自然规律为准则、以可持续发展为目标，引导社会资金投向广阔的农村牧区，有助于建设“百姓富、生态美”的美丽乡村。依据乡村规划，通过投资补助、基金注入、担保补贴、贷款贴息等多种方式，鼓励社会资本投资非营利性农村牧区社会事业和基础设施建设项目。将投资农村牧区社会事业和基础设施建设的社会投资机构，统筹纳入政府购买服务范围，其承担的基本公共服务和政府交办的其他公共服务，由同级财政出资购买。支持社会资本投资农村牧区社会事业和基础设施的机构，以股权融资、债权融资等方式筹集建设发展资金。鼓励社会资本投资农村牧区各类教育和培训机构，并可适当放宽投资兴办幼儿园的审批条件。鼓励社会资本通过独资、合作、合资、项目融资等途径投向农村牧区医疗服务领域。鼓励社会资本投资农村牧区社会福利事业，对投资兴办非营利性养老和残疾人服务机构的，给予一定床位建设补助和床位运营补贴。鼓励社会资本进入农村牧区文化体育事业，参与文化馆、博物馆、图书馆、展览馆、体育馆、健身中心等公共文化体育设施项目的开发建设和运营管理服务，承办相关体育赛事和各类文化活动，利用闲置集体房屋开展公共文化体育服务等活动，参与经营性文化体育事业单位改革。鼓励社会资本投资长途客运站、公交停车场等农村牧区公共交通基础设施建设和运营。在保护水资源的前提下，鼓励社会资本投资荒山、荒沟、荒丘、荒滩、坡耕地等各类水土流失地的治理开发。各级人民政府出资建立的融资性担保机构，在同等条件下优先向投资农村牧区社会事业和基础设施领域的社会投资机构提供贷款担保服务。

4. 基础设施

鼓励社会资本投资运营交通基础设施。吸引社会资金投向各类基础设施建设，是推动内蒙古国土空间集聚开发的重要方面。除法律法规明确禁止的外，鼓励社会资本全面参与列入国家中长期铁路网规划、国家批准的专项规划和区域规划的各类铁路项目建设。运用特许经营、股权合作等方式，推广政府和社会资本合作（PPP）模式，通过运输收益、相关开发收益等形式获取合理收益，拓展社会资本参与交通基础设施建设的渠道和方式。完善铁路运价形成机制，向社会资本放开城际铁路、市域（郊）铁路、资源开发性铁路和支线铁路的所有权、经营权。支持社会资本以独资、合资等多种投资方式建设和运营铁路。鼓励社会资本参与投资铁路客货运输服务业务和铁路“走出去”项目。吸引社会资本参与城市轨道交通站点周边、车辆段上盖综合开发项目建设。完善收费公路政策，建立完善政府主导、分级负责、多元筹资的公路投融资模式，积极开展政府回购、政府付费等试点工作，吸引社会资本参与公路建设和维护保养。鼓励以高速公路和收费一级公路融资租赁、资产化、特许经营等融资方式，盘活公路存量资产，拓宽资金筹措渠道。鼓励社会资本参与盈利状况较好的机场以及机场配套服务设施等投资建设，拓宽机场建设资金来源。

鼓励社会资本加强能源设施投资。通过业主招标等方式，引导社会资本投资建设风光电、生物质能等清洁能源项目和背压式热电联产机组，鼓励社会资本投资常规水电站、抽水蓄能电站，支持社会资本进入清洁高效煤电项目建设、燃煤电厂节能减排和超净排放改造领域。鼓励社会资本参与电网建设，积极吸引民间资金投资建设跨区输电通道、区域主干电网完善工程和城市配电网工程，引导社会资本投资建设分布式电源并网工程、储能装置和集中式充电换电站、分散式充电桩。鼓励民营企业参股建设、运营管理油气管网主干线、地下储气库、城市配气管网和城市储气设施，控股建设油气管网支线、原油和成品油商业储备库，参与铁路运煤干线和煤炭储配体系建设。

鼓励社会资本参与信息基础设施建设。支持基础电信企业引入民间投资者。支持社会资本参与基站机房、通信塔建设。鼓励和引导民间资本投资宽带接入网络建设和业务运营。推进民营企业开展移动通信转售业务试点工作。鼓励社会资本投资建设信息基础设施、智能公共服务、智能交通等项目，促进无线宽带、“互联网＋”、物联网、电子商务等广泛应用。

鼓励社会资本投资运营农牧业和水利工程。支持农牧民合作社、家庭农场（牧场）、专业大户、农牧业企业等新型经营主体以特许经营、参股控股等方式，投资建设或运营管理农田水利、水土保持设施和节水供水重大水利工程，允许社会资本依法继承、转让、转租、抵押其相关权益；被征收、征用或占用的，要按照国家有关规定给予补偿或者赔偿。允许财政补助形成的小型农田水利和水土保持工程资产由农业用水合作组织持有和管护。社会资本投资建设或运营管理农田水利、水土保持设施和节水供水重大水利工程的，与国有、集体投资项目享有同等政策待遇，可以依法获取供水水费等经营收益；承担公益性任务的，政府可对工程建设投资、维修养护和管护经费等给予适当补助，并落实优惠政策。通过水权制度改革吸引社会资本参与水资源开发利用和保护，鼓励社会资本通过参与节水供水重大水利工程投资建设等方式，优先获得新增水资源使用权。

5. 生态环境

鼓励社会资本参与生态建设。社会资本是生态保护和建设资金的重要补充。探索生态建设投融资多元化、政府和社会资本合作（PPP）模式，拓宽社会资本投资渠道。在严格保护草原、森林、河湖、湿地和饮用水水源地等自然资源的前提下，鼓励社会资本积极参与生态建设和保护。支持符合条件的农牧民合作社、家庭农场（牧场、林场）、专业大户、林业企业等新型经营主体投资荒山荒坡治理、苗木培育、农畜产品体验开发等生态建设项目。对社会资本利用荒山荒地进行植树造林的，在保障生态效益、符合土地用途管制要求的前提下，允许发展经济林和木本油料、林木种苗培育等林下经济和沙生植物资源利用、休闲旅游等生态产业。允许社会资本以认建、认养、认购林木绿地等方式参与城市绿化工程。鼓励社会资本参股、控股、联合、兼并、收购国有林业企业。

鼓励社会资本参与环境综合治理。企业是开展环境综合治理的主体。推广政府和社会资本合作（PPP）模式，发挥财政资金撬动功能，带动更多社会资本参与环境综合治理。建立重点行业第三方治污企业推荐制度，支持社会资本在能源、化工、冶金、建材等重点行业和废弃矿山治理、水源地保护及环境治理、小流域综合治理、城镇污水垃圾处理、开发区（工业园区）污染集中处理等领域，大力推行环境污染第三方治理。推广产业园区、小城镇环境综合治理托管，通过委托治理服务、托管运营服务等方式，由排污企业付费购买专业环境服务公司的治污减排服务，提高污染治理的产业化、专业化程度。鼓励社会资本成立绿色矿业产业基金，为绿色矿山项目提供资金支持。通过以奖代补等措施，鼓励社会资本投资农村牧区生活垃圾、餐厨垃圾、秸秆、粪便、污水处理等无害化处理、资源化利用设施建设、运营和维护。稳妥推进政府向社会购买环境监测和综合治理服务。建立排污权有偿使用制度，规范排污权交易市场，鼓励社会资本参与污染减排和排污权交易。加快试行碳排放权交易制度，探索森林碳汇交易，发展碳排放权交易市场，鼓励和支持社会投资者参与碳配额交易，通过金融市场发现价格的功能，调整不同经济主体利益，有效促进环保和节能减排。

鼓励社会资本发展循环经济。发展循环经济是企业获得经济效益、生态效益和社会效益的必然选择。引导企业参与循环型产业体系建设，实施清洁生产和能源梯级利用、水资源循环利用、废物交换利用、污染集中治理，投资农作物秸秆、农田残膜和灌溉器材、林木废弃物和畜禽粪污资源化综合利用，推动旅游、通信、批发零售、住宿餐饮等行业生产、经营和服务的绿色化。鼓励社会资本投资再生资源循环利用回收体系，建设城市社区和农村牧区回收站点、分拣中心、集散市场三位一体的回收网络。

6. 社会事业

鼓励社会力量参与脱贫攻坚。完善各类市场主体、社会力量参与扶贫开发的优惠政策，搭建对接平台，组织动员民营企业、社会组织、爱心人士立足贫困地区的资源环境承载力，精准选择投资兴业、招工就业、捐资助贫、技能培训等形式参与扶贫，鼓励社会成员积极参与扶贫济困，倡导志愿服务，构建扶贫志愿者网络和服务体系。发挥农村牧区新型经营主体带动引领作用，支持通过土地托管、牲畜托养、吸纳农民土地经营权和住房财产权折价入股等途径带动贫困户增收。完善企业与贫困户利益联结机制，通过“基金＋龙头企业＋基地＋贫困户”模式，使贫困户在农牧业产业链上持续稳定增收。鼓励和引导社会资本参与贫困地区水利工程建设运营。

鼓励社会资本加大社会事业投资力度。对不同资源环境承载能力的地区而言，社会资本都是发展社会事业的重要力量。要鼓励社会资本通过参股控股、资产收购等形式，参与医疗、养老、文化、旅游、体育等国有经营性社会事业单位、机构和企业的转企、改制及重组。以特许经营、公建民营、民办公助等形式，鼓励社会资本通过独资、合资、合作、联营、租赁等途径，参与公立医院、养老机构、文化设施、体育场馆建设和管理运营。加大教育、就业、社保、医疗卫生、住房保障、文化体育、残疾人服务等基本公共服务领域政府向社会力量购买服务的力度。支持社会资本以购买、租赁、参股等方式取得行政事业机关、学校等体育健身设施经营管理权，并向社会开放经营。建立健全非营利性教育、医疗、文化、养老、体育健身机构税收优惠政策，改进社会事业用电、用水、用气、用热价格管理政策。

7. 开放合作

鼓励社会资本“走出去”。鼓励符合条件的企业“走出去”，是促进国际产能合作、减少生产经营活动对内蒙古资源环境承载力影响的重要途径之一。适应经济全球化和区域经济一体化发展趋势，全面融入“一带一路”和中蒙俄经济走廊建设，坚持企业为主体、市场为导向、政府引导推进，鼓励和支持各类有条件的企业“走出去”，在全球范围优化资源配置，遵循国际通行规则和相关法律法规，积极稳妥地开展对外投资、经济技术合作和跨国经营。按照《境外投资管理办法》（商务部令 2014 年第 3 号）的要求，根据和内蒙古“十三五”规划及相关专项规划，支持企业开展境外能源资源合作开发、国际产能合作、境外研发合作和外派劳务合作，参与境外经贸合作区、境外营销网络建设，对外承包工程拓展市场，积极争取承担国家援外任务，推进服务业“走出去”，更好地利用国际国内两个市场、两种资源。各类所有制企业是境外投资合作的主体，开展境外投资合作和跨国经营享受同等政策待遇。

五、保障措施

（一）创新企业投资管理

进一步落实《内蒙古自治区人民政府关于鼓励和引导民间投资健康发展的实施意见》

(内政发〔2012〕86 号)、《内蒙古自治区人民政府关于创新重点领域投融资机制鼓励社会投资的实施意见》(内政发〔2015〕150 号)和《内蒙古自治区鼓励和支持非公有制经济加快发展若干规定》(内政发〔2016〕80 号)精神,加强对政策落实情况的督促检查,凡是法律法规未明确禁入的行业和领域,一律允许民间资本进入;凡是已向外资开放或承诺开放的领域,一律向民间资本开放。建立公平开放透明的市场规则,完善社会资本投资合理回报机制,构建政府与社会资本合作多元化主体,推动 PPP 示范项目落地实施,促进重点领域建设,增加公共产品有效供给。确立企业投资主体地位,充分激发社会投资动力和活力。坚持企业投资核准范围最小化,原则上由企业依法依规自主决策投资行为,政府对极少数关系国家安全与生态安全、涉及重大生产力布局、战略性资源开发和重大公共利益等项目以清单方式列明并审查把关。探索企业投资项目承诺制,形成以政策性条件引导、企业信用承诺、监管有效约束为核心的管理模式。建立企业投资项目管理负面清单制度、企业投资项目管理权力清单制度和企业投资项目管理责任清单制度,形成“三个清单”动态管理机制。分别优化备案制和核准制的投资项目管理流程,精简投资项目准入阶段手续,推进投资中介服务市场化,进一步简化、整合投资项目报建手续,积极探索实行先建后验的管理模式。不断打破行业垄断和市场壁垒,切实降低准入门槛,建立公平、开放、透明的市场规则,营造权利平等、机会平等、规则平等的投资环境。督促企业严格遵守城乡规划、环境保护、土地管理、安全生产等法律法规,贯彻执行国家、内蒙古相关政策和标准规定,依法落实项目法人责任制、招标投标制、工程监理制和合同管理制,建设信用体系,自觉规范投资行为。引导各类投资中介服务机构和有关行业协会坚持诚信原则,加强行业自律,健全行业规范和标准,提高服务质量。

(二)完善政府投资体制机制

科学界定政府投资范围,政府投资资金以非经营性项目为主,原则上不支持经营性项目,只投向市场不能有效配置资源的社会公益服务、公共基础设施、农业农村、生态环境保护和修复、重大科技进步、社会管理、国家安全等公共领域的项目。严格控制政府投资范围,建立政府投资范围定期评估调整机制,动态优化投资方向和结构,提高投资效率。政府投资资金按项目安排,以直接投资方式为主,在明确各方权益的基础上平等对待各类投资主体。对确需支持的经营性项目,主要采取资本金注入方式投入,也可适当采取投资补助、贷款贴息等方式进行引导。充分发挥政府资金的引导作用和放大效应,依法发起设立基础设施建设基金、公共服务发展基金、住房保障发展基金、政府出资产业投资基金等各类基金。加快地方政府融资平台市场化转型进程。依据国民经济和社会发展五年规划及内蒙古宏观调控总体要求,编制三年滚动政府投资计划和政府投资年度计划,建立覆盖各地区各部门的政府投资项目库,完善政府投资项目信息统一管理机制,改进和规范政府投资项目审批制,统筹安排、规范使用各类政府投资资金。加强政府投资事中事后监管,建立政府投资后评价制度,健全政府投资责任追究制度,加强社会监督。鼓励政府和社会资本合作(PPP),合理把握价格、土地、金融等政策支持力度,发挥工程咨询、金融、财务、法律等专业机构作用，提高项目决策科学性、管理专业性和实施有效性。

（三）提升政府投资综合服务管理水平

进一步转变政府职能，将投资管理工作的立足点放到为企业投资活动做好服务上，深入推进简政放权、放管结合、优化服务改革，在服务中实施管理，在管理中实现服务。创新服务管理方式，探索建立并逐步推行投资项目审批首问负责制，加快建设一口受理、网上办理、规范透明、限时办结的投资项目在线审批监管平台，建立投资项目统一代码制度，制定项目审批工作规则和办事指南，鼓励新闻媒体、普通民众、法人和其他组织依法监督政府的服务管理行为。加强规划政策引导，充分发挥发展规划、产业政策等对投资活动的引导作用，构建更加科学、更加完善、更具操作性的行业准入标准体系，加快制定修订能耗、水耗、用地、碳排放、污染物排放、安全生产等技术标准，实施能效和排污强度“领跑者”制度。健全监管约束机制，按照谁审批谁监管、谁主管谁监管的原则，加强项目建设全过程监管，推进各有关部门监管工作标准具体化、公开化，依法纠正和查处违法违规投资建设行为，建立异常信用记录和严重违法失信“黑名单”，强化并提升政府和投资者的契约意识和诚信意识，确保投资建设市场安全高效运行。

（四）拓宽投资项目融资渠道

创新融资机制，打通投融资渠道，推进投资项目资金来源多元化，有效缓解投资项目融资难融资贵问题。大力发展直接融资，有针对性地为“双创”项目提供股权、债权以及信用贷款等融资综合服务；坚持政府引导、市场化运作，引导社会资本共同设立产业投资、创业投资、风险投资、股权投资等各类投资基金，主要投向公共服务、基础设施、生态环保和先进制造业、战略性新兴产业等领域；积极发展债权投资计划、股权投资计划、资产支持计划等融资工具，引导社保资金、保险资金等用于收益稳定、回收期长的基础设施和基础产业项目；推动交通基础设施项目建设企业应收账款证券化；支持重点领域建设项目采用企业债券、项目收益债券、公司债券、中期票据等方式筹措投资资金；规范推进地方政府举债融资。创新信贷服务，建立健全政银企社合作对接机制，搭建信息共享、资金对接平台，探索发展供水、发电、供热和污水垃圾处理等工程预期收益质押贷款，开展收费权、排污权、特许经营权、购买服务协议预期收益、集体林权、集体土地承包经营权质押贷款等担保创新类贷款业务，鼓励金融机构对民间资本举办的社会事业提供融资支持。充分发挥政策性、开发性金融机构积极作用，加大对城镇棚户区改造、生态环保、基础设施建设、科技创新、公共服务等重大项目和工程的资金支持力度，根据需要发行金融债券。探索采取信用担保和贴息、风险补偿、费用补贴、投资基金、农业保险、互助信用、业务奖励等方式增强新型农牧业经营主体的贷款融资与风险抵御能力。落实有保有控的差别化信贷政策，对有效益、有前景，且主动退出低端低效产能、化解过剩产能、实施兼并重组的企业，按照风险可控、商业可持续原则，积极予以信贷支持；对未按期退出落后产能的企业，严控新增授信，压缩退出存量贷款。

专题 3

内蒙古资源环境承载力产业政策研究

党的十八大以来，面对全国范围内资源环境约束趋紧、环境污染严重和生态系统退化的严峻形势，国家将生态文明建设提到了前所未有的高度，无论是五大理念的提出、五位一体总体布局，抑或党的十九大提出的构建国土空间开发保护制度，完善主体功能区配套政策，建立富强民主文明和谐美丽的现代化国家的新目标，无一例外都将生态建设提上关乎未来发展大计的高度，并将主体功能区建设提升作为推进生态文明建设新的战略高度，在全国范围内予以推进和落实。

主体功能区政策的提出，对产业结构和布局提出了新的要求。而在资源环境承载力和产业发展的互动中，产业政策是引导产业发展与资源环境相协调发展不可或缺的工具，即通过产业政策，进一步协调资源环境承载与产业发展的关系，以改善资源环境承载力促进资源节约、环境保护，调控资源环境承载力服务国土空间开发格局优化，把握资源环境承载力，引导生态文明制度建设。在此大背景下，2016 年中共中央办公厅、国务院办公厅印发了《关于建立资源环境承载能力监测预警长效机制的若干意见》，提出要加快出台土地、海洋、财政、产业、投资等细化配套政策，明确具体措施和责任主体，切实发挥资源环境承载能力监测预警的引导约束作用。为更好落实中办、国办要求，以建立健全资源环境承载力服务国土空间开发格局优化的机制，特组织开展了本课题的研究。

一、资源环境承载力产业政策历史沿革及特征

（一）近十年产业政策历史沿革

从国家及内蒙古产业政策变革历史轨迹看，长期以来主要以做大经济总量和加快发展为主，而近十年，结合经济社会发展重点及任务的变化，产业政策主要经历了以下三个阶段历史沿革，并且各阶段产业政策表现出不同于以往的特征，其内容及特点主要归结如下：

1. 金融危机之前

（1）宏观调控政策

这一时期宏观调控政策主要有：《国务院关于加快推进产能过剩行业结构调整的通知》（国发〔2006〕11号）；《国家发改委关于加强煤化工项目建设管理促进产业健康发展的通知》（发改工业〔2006〕1350号）；《国家发改委、财政部关于加强生物燃料乙醇项目建设管理，促进产业健康发展的通知》（发改工业〔2006〕2842号）；《国家发展改革委关于加强玉米项目建设管理的紧急通知》（发改工业〔2006〕2781号）；《国家发改委关于印发关于促进玉米深加工健康发展的指导意见的通知》（急发改工业〔2007〕2245号）。

（2）产业目录

这一时期具体产业目录方面主要有：《中西部地区外商投资优势产业目录（2008年修订）》（国家发改委、商务部令2008年第4号）；《钢铁产业发展政策》（国家发改委令2005年第35号）；《水泥产业发展政策》（国家发改委令2006年第50号）；《造纸产业发展政策》（国家发改委公告2007年第71号）。

（3）行业准入

《焦化行业准入条件（2008年修订）》（工信部公告产业〔2008〕第15号）；《氯碱（烧碱、聚氯乙烯）行业准入条件》（国家发改委公告2007年第74号）；《电石行业准入条件（2007年修订）》（国家发改委公告2007年第70号）；《铁合金行业准入条件（2008年修订）》《电解金属锰行业准入条件（2008年修订）》（国家发改委公告2008年第13号）；《铅锌行业准入条件》（国家发改委公告2007年第13号）；《钨锡锑准入条件》（国家发改委公告2006年94号）；《铜冶炼行业准入条件》（国家发改委公告2006年第40号）；《铝行业准入条件》（国家发改委公告2007年64号）；《平板玻璃行业准入条件》（国家发改委公告2007年第52号）；《玻璃纤维行业准入条件》（国家发改委公告2007年第3号）。

（4）投资管理

《国务院办公厅关于加强和规范新开工项目管理的通知》（国办发〔2007〕64号）。

（5）其他相关产业政策

国务院文件：《国务院办公厅转发国家发改委等部门关于促进自主创新成果产业化若

干政策的通知》(国办发〔2008〕128号);《国务院关于加快发展服务业的若干意见》(国发〔2007〕7号);《国务院办公厅关于加快发展服务业若干政策措施的实施意见》(国办发〔2008〕11号)。

发展改革委文件:《关于印发〈国家鼓励的资源综合利用认定管理办法〉的通知》(发改环资〔2006〕1864号)。

环保部文件:《建设项目环境影响评价分类管理名录》(环境保护部令2008年第2号)。

国土资源部文件:《建设项目用地预审管理办法》(国土资源部2008第42号令);《关于发布实施〈限制用地项目目录〉(2006年本)和〈禁止用地项目目录(2006年本)〉的通知》(国土资发〔2006〕96号);《关于发布实施〈全国工业用地出让最低价标准〉的通知》(国土资发〔2006〕307号);国土资源部监察部《关于落实工业用地招标拍卖出让制度有关问题的通知》(国土资发〔2007〕78号)。

(6)决策规划

国家相关规划:《中华人民共和国国民经济和社会发展第十一个五年规划纲要》《节水型社会建设"十一五"规划》《现有燃煤电厂二氧化硫治理"十一五"规划》《铬渣污染综合整治方案》《能源发展"十一五"规划》《可再生能源发展"十一五"规划》《国务院常务会议通过〈炼油工业中长期发展专项规划〉和〈乙烯工业中长期发展专项规划〉》《煤层气(煤矿瓦斯)开发利用"十一五"规划》《京津风沙源治理工程规划(2001—2010年)》《全国防沙治沙规划(2005—2010年)》《信息产业"十一五"规划》《国家文化和自然遗产地保护"十一五"规划纲要》《东北地区振兴规划》《国家发展改革委关于印发化纤工业"十一五"发展指导意见的通知》《国家发展改革委关于印发关于促进玉米深加工业健康发展的指导意见的通知》《国家发展改革委关于印发国家核准煤炭规划矿区目录(2007年本)的通知》《煤炭工业发展"十一五"规划》《国家发展改革委关于印发可再生能源中长期发展规划的通知》《关于印发水利发展"十一五"规划的通知》《国务院办公厅关于转发发展改革委生物产业发展"十一五"规划的通知》《国家发展改革委关于印发高技术产业发展"十一五"规划的通知》《国家发展改革委关于印发水泥工业发展专项规划的通知》《关于印发全国食品工业"十一五"发展纲要的通知》《国家发展改革委关于汽车工业结构调整意见的通知》《关于印发"十一五"十大重点节能工程实施意见的通知》。

自治区相关规划:《内蒙古自治区"十一五"规划纲要》《内蒙古自治区能源发展"十一五"规划》《内蒙古东部区域经济"十一五"发展规划》《内蒙古自治区化学工业"十一五"发展规划》《内蒙古自治区信息化"十一五"规划》《内蒙古呼包鄂区域经济"十一五"发展规划》《内蒙古自治区循环经济"十一五"发展规划》《内蒙古自治区能源工业"十一五"规划》《内蒙古自治区农牧业经济"十一五"发展规划》《内蒙古自治区高技术产业"十一五"发展规划》《内蒙古自治区农畜产品加工业"十一五"发展规划》《内蒙古自治区重化学工业"十一五"发展规划》等。

（7）政策法规

印发《关于清理规范焦炭行业的若干意见》的紧急通知（2006）；《国家发展改革委关于进一步巩固电石、铁合金、焦炭行业清理整顿成果规范其健康发展的有关意见的通知》《关于加快电石行业结构调整有关意见的通知》《国家发展改革委关于加快焦化行业结构调整的指导意见的通知》《国家发展改革委关于加强铁合金生产企业行业准入管理工作的通知（2005）》《国务院关于发布实施〈促进产业结构调整暂行规定〉的决定》。

2. 金融危机以来至党的十八大期间

（1）宏观调控政策

《国务院转批发展改革委等部门关于抑制部分行业产能过剩和重复建设引导产业健康发展若干意见的通知》（国发〔2009〕38 号）；《国务院关于进一步加强淘汰落后产能工作的通知》（国发〔2010〕7 号）；《关于加强 PX 等敏感产品环保工作的紧急通知》（发改产业〔2011〕2079 号）；《国家发展改革委关于规范煤化工产业有序发展的通知》（发改产业〔2011〕635 号）；《国家发改委关于规范煤制天然气产业发展有关事项的通知》（发改能源〔2010〕1205 号）；《国务院办公厅关于进一步加大节能减排力度加快钢铁产业结构调整的若干意见》（国办发〔2010〕34 号）；《国家发展改革委、国土资源部、环境保护部关于清理钢铁项目的通知》（发改产业〔2010〕2600 号）；《关于禁止将落后炼铁高炉转为铸造生铁用途的紧急通知》（工信厅原〔2010〕66 号）；《关于遏制电解铝行业产能过剩和重复建设引导产业健康发展的紧急通知》（工信部联原〔2011〕177 号）；《国家发改委办公厅关于水泥、平板玻璃建设项目清理工作的通知》（发改办产业〔2009〕2351 号）；《国家发展改革委办公厅关于开展平板玻璃建设项目专项清理的通知》（发改办产业〔2011〕2375 号）；《工业和信息化部关于抑制平板玻璃产能过快增长引导产业健康发展的通知》（工信部原〔2011〕207 号）；工业和信息化部印发《关于抑制产能过剩和重复金蛇引导水泥产业健康发展的意见》的通知（工信部原〔2009〕575 号）；《国务院办公厅关于采取综合措施对耐火粘土萤石的开采和生产进行控制的通知》（国办发〔2010〕1 号）。

（2）产业目录

《产业结构调整指导目录（2011 年本）》（国家发改委令 2011 年第 9 号）；《外商投资产业指导目录（2011 年修订）》（国家发改委商务部令 2011 年第 12 号）；《轮胎产业政策》（工业和信息化部公告产业政策〔2010〕第 2 号）；《汽车产业发展政策》（工业和信息化部国家发改委令 2009 年第 10 号）；《农机工业发展政策》（工信部公告 2011 年第 26 号）；《当前优先发展的高技术产业化重点领域指南（2011 年度）》2011 年第 10 号公告；《乳制品工业产业政策（2009 年修订）》（工信部国家发改委公告工联产业〔2009〕第 48 号）。

（3）行业准入

《氟化氢行业准入条件》（工信部公告 2011 年第 6 号）；《磷铵行业准入条件》（工信部公告 2011 年第 31 号）；《钢铁行业生产经营规范条件》（工信部公告工原〔2010〕第 105 号）；《镁行业准入条件》（工信部公告 2011 年第 7 号）；《多晶硅行业准入条件》（工信部公告工联电子〔2010〕137 号）；《耐火粘土（高铝粘土）行业准入条件》（工信部国家发

改委等公告工联原〔2010〕86号)；《萤石行业准入标准》(工信部国家发改委等公告工联原〔2010〕87号)；《水泥行业准入条件》(工信部公告工原〔2010〕第127号)；《联合收割（获）机和拖拉机行业准入条件》(工信部公告2011年第23号)；《专用汽车和挂车生产企业及产品准入管理规则》(工信部公告工产业〔2009〕第45号)；《新能源汽车生产企业及产品准入管理规则》(工信部公告工产业〔2009〕第44号)；《日用玻璃行业准入条件》(工信部公告工产业政策〔2010〕第3号)；《浓缩果蔬汁（浆）加工行业准入条件》（工信部公告2011年第27号)；《印染行业准入条件（2010年修订版）》(工信部公告工消费〔2010〕第93号)；《粘胶纤维行业准入条件》(工信部公告工消费〔2010〕第94号)。

（4）投资管理

《国务院关于调整固定资产投资项目资本金比例的通知》(国发〔2009〕27号)；《固定资产投资项目节能评估和审查暂行办法》(国家发改委令2010年第6号)；《关于发布鼓励进口技术和产品目录（2009年版）的通知》(发改办产业〔2009〕1228号)；《重点产业振兴和技术改造专项投资管理办法（暂行）》(发改产业〔2009〕795号)；《内蒙古自治区人民政府关于加强矿业生产管理依法保护环境保障民生的紧急通知》(内政发电〔2011〕10号)；《内蒙古自治区人民政府关于进一步规范矿业开发秩序依法保护环境民生的指导意见》；关于印发《内蒙古自治区发改委核准、备案项目延期和变更程序〈试行〉的通知》(内发改法规字〔2011〕3306号)。

（5）行业规划

国家方面：《西部大开发“十二五”规划》《关于印发煤炭工业发展“十二五”规划的通知》(发改能源〔2012〕640号)；《国家发改委工业和信息化部关于印发食品工业“十二五”发展规划的通知》(发改产业〔2011〕3299号)；《国家发改委工业和信息化部国家林业局关于印发造纸工业发展“十二五”规划的通知》(发改产业〔2011〕3101号)；《关于印发产业用纺织品“十二五”发展规划的通知》(工信部联规〔2011〕633号)；《全国新增1000亿斤粮食生产能力规划（2009—2020年）》《石化产业调整和振兴规划》《轻工业调整和振兴规划》《装备制造业调整和振兴规划》《有色金属产业调整和振兴规划》《关于印发物流业调整和振兴规划的通知》(国发〔2009〕8号)《电子信息产业调整和振兴规划》《汽车产业调整和振兴规划》《钢铁产业调整和振兴规划》《关于印发煤层气（煤矿瓦斯）开发利用“十二五”规划的通知》(发改能源〔2011〕3041号)。

自治区方面：《内蒙古国民经济和社会发展第十二个五年规划纲要》《内蒙古“十二五”节能减排规划》《内蒙古自治区开发区“十二五”总体发展规划》《内蒙古自治区装备制造业“十二五”发展规划》《内蒙古自治区服务业“十二五”发展规划》《内蒙古产业结构调整规划》《内蒙古自治区“十二五”农牧业发展规划》《内蒙古“十二五”应对企划变化规划》《内蒙古“十二五”物流业发展规划》《内蒙古自治区钢铁工业“十二五”发展规划》《内蒙古自治区“十二五”电力工业发展规划》《内蒙古自治区环保产业“十二五”发

展规划》《内蒙古旅游业“十二五”发展规划》《内蒙古自治区农畜产品加工业“十二五”发展规划》《内蒙古“十二五”高技术产业发展规划》《内蒙古自治区化学工业“十二五”发展规划》《内蒙古云计算产业“十二五”发展规划》《内蒙古自治区电力工业“十二五”规划》《内蒙古“十二五”风电发展及接入电网规划》等。

（6）其他相关产业政策

国务院文件：《国务院关于进一步实施东北地区等老工业基地振兴战略的若干意见》（国发〔2009〕33号）；《关于印发东北振兴“十二五”规划的通知》（发改东北〔2012〕641号）；《国务院关于进一步促进内蒙古经济社会又好又快发展的若干意见》（国发〔2011〕21号）；《国务院关于印发“十二五”节能减排综合性工作方案的通知》（国发〔2011〕26号）；《国务院关于加快培育和发展战略性新兴产业的决定》（国发〔2010〕32号）；《国务院办公厅关于印发促进生物产业发展若干政策的通知》（国办发〔2009〕45号）。

发改委文件：《关于印发“十二五”资源综合利用指导意见、大宗固体废弃物综合利用实施方案的通知》（发改环资〔2011〕2919号）；《国家发改委、农业部、财政部关于印发“十二五”农作物秸秆综合利用实施方案的通知》（发改环资〔2011〕2615号）；《国家发改委关于印发鼓励和引导民营企业发展战略性新兴产业的实施意见的通知》（发改高技〔2011〕1592号）。

国土资源部和水利部文件：《土地利用总体规划编制审查办法》（国土资源部2009第43号令）；《中华人民共和国水土保持法》（中华人民共和国主席令2010第三十九号）；《国务院关于实行最严格水资源管理制度的意见》（国发〔2012〕3号）。

其他：《石化产业技术进步与技术改造项目及产品目录》《装备制造业技术进步和技术改造投资方向（2009—2011）》；《关于印发编制秸秆综合利用规划的指导意见的通知》（发改环资〔2009〕378号）；《天然气利用政策》2012年第15号令；《关于开展燃煤电厂综合升级改造工作的通知》（发改厅〔2012〕1662号）；《关于印发〈循环经济发展专项资金管理暂行办法〉的通知》（财建〔2012〕616号）；《关于印发〈利用价格杠杆鼓励和引导民间投资发展的实施意见〉的通知》（发改价格〔2012〕1906号）；《关于推进园区循环化改造的意见（发改环资〔2012〕765号）》；《关于开展碳排放权交易试点工作的通知》（发改办气候〔2011〕2601号）；《关于印发〈鼓励和引导民营企业发展战略性新兴产业的实施意见〉的通知》（发改高技〔2011〕1592号）；《行业标准目录国家能源局2011年第1号公告》《关于支持循环经济发展的投融资政策措施意见的通知》（发改环资〔2010〕801号）；《关于抑制部分行业产能过剩和重复建设引导产业健康发展若干意见的通知》（国发〔2009〕38号）。

（7）投资体制改革

《装备制造业技术进步和技术改造投资方向（2010年）》《轻工业技术进步与技术改造投资方向（2009—2011年）》；内蒙古自治区人民政府《关于印发〈内蒙古自治区政府核准的投资项目目录（2011年本）〉等投资体制改革配套文件的通知》（内政发〔2011〕128号）。

3. 自党的十八大以来

（1）宏观调控政策

《贯彻落实主体功能区战略推进主体功能区建设若干政策的意见》（发改规划〔2013〕1154号）；《关于推进资源循环利用基地建设的指导意见》（发改办环资〔2017〕1778号）；印发《关于推进供给侧结构性改革 防范化解煤电产能过剩风险的意见》的通知（发改能源〔2017〕1404号）；《关于深入推进农业供给侧结构性改革实施意见的通知》（发改农经〔2017〕452号）；《关于支持老工业城市和资源型城市产业转型升级的实施意见》（发改振兴规〔2016〕1966号）；《关于促进我国煤电有序发展的通知》（发改能源〔2016〕565号）。

（2）产业目录

《关于印发制革等5个行业清洁生产评价指标体系的公告》（2017年第7号）；《外商投资产业指导目录（2017年修订）》（2017年第4号令）；《关于发布〈国家重点节能低碳技术推广目录〉（2017年本低碳部分）的公告》（2017年第3号）；《战略性新兴产业重点产品和服务指导目录（2016版）》（2017年第1号公告）；《国家重点节能低碳技术推广目录》（2016年本，节能部分）（2016年第30号公告）；《关于印发〈循环经济发展评价指标体系（2017年版）〉的通知》（发改环资〔2016〕2749号）；《关于印发鼓励进口技术和产品目录（2016年版）的通知》（发改产业〔2016〕1982号）；《关于发布电解锰等5项行业清洁生产评价指标体系的公告》（2016年第21号）；《低碳产品认证目录（第二批）公告》（2016年第5号）；《关于〈国家重点节能低碳技术推广目录（2015年本，节能部分）〉的公告》（2015年第35号）；《国家重点推广的低碳技术目录（第二批）》（2015年第31号公告）；《关于发布平板玻璃等5个行业清洁生产评价指标体系的公告》（2015年第25号）；《关于印发〈秸秆综合利用技术目录（2014）〉的通知》（发改办环资〔2014〕2802号）；《国家重点推广的低碳技术目录》（2014年第13号公告）；《西部地区鼓励类产业目录》（2014年第15号令）；《关于发布钢铁、水泥行业清洁生产评价指标体系的公告》（2014年第3号）；《中西部地区外商投资优势产业目录（2013年修订）》（2013年第1号令）；《战略性新兴产业重点产品和服务指导目录》（2013年第16号公告）；三部门公告《高耗水工艺、技术和装备淘汰目录（第一批）》。

（3）投资管理

《关于印发〈社会领域产业专项债券发行指引〉的通知》（发改办财金规〔2017〕1341号）；《关于完善汽车投资项目管理的意见》（发改产业〔2017〕1055号）；《企业投资项目核准和备案管理办法》（2017年第2号令）；《关于进一步利用开发性和政策性金融推进林业生态建设的通知》（发改农经〔2017〕140号）；《关于印发〈市场化银行债权转股权专项债券发行指引〉的通知》（发改办财金〔2016〕2735号）；《关于印发〈高技术产业发展项目中央预算内投资（补助）暂行管理办法〉的通知》（发改高技规〔2016〕2514号）；《中央预算内投资补助和贴息项目管理办法》（2016年第45号令）；《固定资产投资项目节能审查办法》（2016年第44号令）；《关于印发〈战略性新兴产业专项债券发行指引〉的通

知》（发改办财金〔2015〕756号）；《国务院办公厅关于金融服务“三农”发展的若干意见》（国办发〔2014〕17号）；《中国银监会、农业部关于金融支持农业规模化生产和集约化经营的指导意见》（银监发〔2014〕38号）；《农业部、中国邮政储蓄银行关于邮政储蓄支持现代农业示范区建设的意见》（农计发〔2014〕184号）；《财政部、农业部和银监会关于财政支持建立农业信贷担保体系的指导意见》（2015年）。

（4）行业规划

国家方面：《关于印发〈半导体照明产业“十三五”发展规划〉的通知》（发改环资〔2017〕1363号）；《关于印发西部大开发“十三五”规划的通知》（发改西部〔2017〕89号）；《关于印发石油天然气发展“十三五”规划的通知》（发改能源〔2016〕2743号）；《关于印发能源发展“十三五”规划的通知》（发改能源〔2016〕2744号）；《关于印发〈“十三五”生物产业发展规划〉的通知》（发改高技〔2016〕2665号）；《关于印发煤炭工业发展“十三五”规划的通知》（发改能源〔2016〕2714号）；《电力发展“十三五”规划（2016—2020年）》《关于印发东北振兴“十三五”规划的通知》（发改振兴〔2016〕2397号）；《关于印发〈可再生能源发展“十三五”规划〉的通知》（发改能源〔2016〕2619号）；《关于印发全国生态旅游发展规划（2016—2025年）的通知》（发改社会〔2016〕1831号）；《关于印发〈全国大宗油料作物生产发展规划（2016—2020年）〉的通知》（发改农经〔2016〕1845号）；《关于印发糖料蔗主产区生产发展规划（2015—2020年）的通知》（发改农经〔2015〕1101号）；《关于印发〈全国生态保护与建设规划（2013—2020年）〉的通知》（发改农经〔2014〕226号）；《关于印发国家应对气候变化规划（2014—2020年）的通知》（发改气候〔2014〕2347号）；《全国高标准农田建设总体规划》《全国牛羊肉生产发展规划（2013—2020年）》《关于印发西部地区重点生态区综合治理规划纲要的通知》（发改西部〔2013〕336号）；《关于转发发展改革委等部门奶业整顿和振兴规划纲要的通知》（国办发〔2008〕122号）；《工业和信息化部关于印发钢铁工业调整升级规划（2016—2020年）的通知》；《工信部关于印发〈工业绿色发展规划（2016—2020年）〉的通知》《全国现代农作物种业发展规划》（国办发〔2012〕59号）；农业部《“十三五”全国农业农村信息化发展规划》（2016年）；农业部、国家发展改革委等《全国农业可持续发展规划（2015—2030）》（农计发〔2015〕145号）。

自治区方面：《落实相关发展战略——清洁能源、现代煤化工、冶金等八大产业发展战略规划》《内蒙古国民经济和社会发展“十三五”规划纲要》《内蒙古服务业“十三五”发展规划》《内蒙古自治区“十三五”工业发展规划》《内蒙古东部区域“十三五”时期发展规划》《呼包鄂协同发展规划纲要》《内蒙古“十三五”旅游业发展规划》《内蒙古“十三五”工业循环经济发展规划》《内蒙古能源发展“十三五”规划》《内蒙古煤制燃料“十三五”规划》《内蒙古电力“十三五”发展规划》《内蒙古“十三五”应对气候变化规划》《内蒙古信息化发展“十三五”规划》《内蒙古畜牧业发展“十三五”规划》《新能源、新材料、节能环保、高端装备、大数据云计算、生物科技、蒙中医药等七大战略性新兴产业发展规划》等。

（5）其他相关产业政策

国务院文件：《清洁生产审核办法》（2016 年第 38 号令）；《水效标识管理办法》（2017 年第 6 号令）；《关于印发制革等 5 个行业清洁生产评价指标体系的公告》（2017 年第 7 号）；《清洁生产评价指标体系制（修）订计划（第二批）》（2016 年第 8 号公告）；《煤矸石综合利用管理办法》（2014 年第 18 号令）；《粉煤灰综合利用管理办法》（2013 年第 19 号令）；中共中央、国务院印发《关于全面深化农村改革加快推进农业现代化的若干意见》（中发〔2014〕1 号）；《国务院办公厅关于金融服务"三农"发展的若干意见》（国办发〔2014〕17 号）；《中共中央办公厅、国务院办公厅关于引导农村土地经营权有序流转发展农业适度规模经营的意见》（中办发〔2014〕61 号）；《国务院办公厅关于引导农村产权流转交易市场健康发展的意见》（国办发〔2014〕71 号）；《国务院关于改革和完善中央对地方转移支付制度的意见》（国发〔2014〕71 号）；《中共中央、国务院关于加快推进生态文明建设的意见》（2015 年）；《国务院办公厅关于加快转变农业发展方式的意见》（国办发〔2015〕59 号）；《国务院关于落实发展新理念加快农业现代化　实现全面小康目标的若干意见》（2016 年）；《中共中央、国务院关于深入推进农业供给侧结构性改革　加快培育农业农村发展新动能的若干意见》（2016 年）；《国务院办公厅关于建立统一的绿色产品标准、认证、标识体系的意见》（国办发〔2016〕86 号）；国务院《土壤污染防治行动计划》（国发〔2016〕31 号）。

发展改革委文件：《关于促进储能技术与产业发展的指导意见》（发改能源〔2017〕1701 号）；《关于印发〈加快推进天然气利用的意见〉的通知》（发改能源〔2017〕1217 号）；《关于扎实推进农业水价综合改革的通知》（发改价格〔2017〕1080 号）；《关于印发〈循环发展引领行动〉的通知》（发改环资〔2017〕751 号）；《关于深入推进农业供给侧结构性改革实施意见的通知》（发改农经〔2017〕452 号）；《关于扎实推进高标准农田建设的意见》（发改农经〔2017〕331 号）；《关于印发〈节能标准体系建设方案〉的通知》（发改环资〔2017〕83 号）；《关于促进食品工业健康发展的指导意见》（发改产业〔2017〕19 号）；《关于印发〈能源生产和消费革命战略（2016—2030）〉的通知》（发改基础〔2016〕2795 号）；《关于印发〈循环经济发展评价指标体系（2017 年版）〉的通知》（发改环资〔2016〕2749 号）；《关于运用价格手段促进钢铁行业供给侧结构性改革有关事项的通知》（发改价格〔2016〕2803 号）；《关于印发编制"十三五"秸秆综合利用实施方案的指导意见的通知》（发改办环资〔2016〕2504 号）；《关于印发〈关于培育环境治理和生态保护市场主体的意见〉的通知》（发改环资〔2016〕2028 号）；《关于推行合同节水管理促进节水服务产业发展的意见》（发改环资〔2016〕1629 号）；《关于贯彻落实〈国务院办公厅关于推进农业水价综合改革的意见〉的通知》（发改价格〔2016〕1143 号）；《关于印发〈能源技术革命创新行动计划〉（2016—2030 年）的通知》（发改能源〔2016〕513 号）；《关于推进电能替代的指导意见》（发改能源〔2016〕1054 号）；《关于发展煤电联营的指导意见》的通知（发改能源〔2016〕857 号）；《关于印发〈促进消费带动转型升级行动方案〉的通知》（发改综合〔2016〕832 号）；《关于印发〈水效领跑者引领行动实施方案〉的通知》

（发改环资〔2016〕876 号）；《关于促进我国煤电有序发展的通知》（发改能源〔2016〕565 号）；《关于印发〈市场准入负面清单草案（试点版）〉的通知》（发改经体〔2016〕442 号）；《关于促进〈绿色消费的指导意见〉的通知》（发改环资〔2016〕353 号）；《关于加快发展农业循环经济的指导意见》（发改环资〔2016〕203 号）；《关于在燃煤电厂推行环境污染第三方治理的指导意见》（发改环资〔2015〕3191 号）；《关于印发〈绿色债券发行指引〉的通知》（发改办财金〔2015〕3504 号）；《关于切实加强需求侧管理　确保民生用气的通知》（发改电〔2015〕819 号）；《关于印发〈家用电冰箱能效“领跑者”制度实施细则〉〈平板电视能效“领跑者”制度实施细则〉〈转速可控型房间空气调节器能效“领跑者”制度实施细则〉的通知》（发改环资〔2015〕2499 号）；《关于从严控制新建煤矿项目有关问题的通知》（发改能源〔2015〕2003 号）；《关于促进国家级新区健康发展的指导意见》（发改地区〔2015〕778 号）；《关于印发〈重点地区煤炭消费减量替代管理暂行办法〉的通知》（发改环资〔2014〕2984 号）；《关于印发〈重大节能技术与装备产业化工程实施方案〉的通知》（发改环资〔2014〕2423 号）；《关于电解铝企业用电实行阶梯电价政策的通知》（发改价格〔2013〕2530 号）；《关于发挥价格杠杆作用促进光伏产业健康发展的通知》（发改价格〔2013〕1638 号）；《贯彻落实主体功能区战略推进主体功能区建设若干政策的意见》（发改规划〔2013〕1154 号）；发改委、财政部等《贫困地区发展特色产业促进精准脱贫指导意见》（2016 年）。

工信部文件：《工业和信息化部办公厅关于印发工业领域电力需求侧管理参考产品（技术）推广暂行办法的通知》（工信厅运行〔2017〕102 号）；《工业和信息化部办公厅关于企业集团内部电解铝产能跨省置换工作的通知》（工信厅原〔2017〕101 号）；《工业和信息化部关于印发〈工业节能与绿色标准化行动计划（2017—2019 年）〉的通知》；《稀土行业规范条件（2016 年本）》和《稀土行业规范条件公告管理办法》公告。

农业部文件：《农业部关于促进家庭农场发展的指导意见》（农经发〔2014〕1 号）；《中国银监会、农业部关于金融支持农业规模化生产和集约化经营的指导意见》（银监发〔2014〕38 号）；《关于调整和完善农业综合开发扶持农业产业化发展相关政策的通知》（国农发〔2015〕52 号）；《财政部、农业部和银监会关于财政支持建立农业信贷担保体系的指导意见》（2015 年）；《农业部关于促进草牧业发展的指导意见》（2016 年）；《农业部关于大力发展休闲农业的指导意见》（农加发〔2016〕3 号）；农业部《全国农产品加工业与农村一二三产业融合发展规划（2016—2020 年）》（农加发〔2016〕5 号）；《农业部关于打好农业面源污染防治攻坚战的实施意见》（农科教发〔2015〕1 号）。

财政部文件：《财政部关于全面推开农业“三项补贴”改革工作的通知》（财农〔2016〕26 号）；《财政部、农业部关于调整完善农业三项补贴政策的指导意见》（财农〔2015〕31 号）；《财政部、农业部农业资源及生态保护补助资金管理办法》（2017 年）。

（二）近十年来国家产业政策调整变化特征及主要做法

从陆续颁布的产业结构调整政策文件来看，近十年产业结构调整主要集中在行业内产品结构调整、产业组织结构调整、产业布局调整以及产业技术升级四个方面，产业组织结构调整又以扩大优势企业规模、提高集中度为核心。在国家整体产业政策上位引导下，近年来内蒙古产业政策中“产业结构调整”被赋予了广泛的涵义，几乎涵盖了产业政策各方面的内容，呈现出以下几方面的突出特征：

1. 政策思路上既注重方向引导也注重政策措施

从近几年相关产业政策思路看，不但注重“发展什么”的方向性引导，而且开始重视“如何发展”，更加强调创新，初步改变了过去为“结构调整”而“调整结构”的简单做法。

2. 产业政策主导思想有了明显转变

政策主导思想正逐步从直接干预市场的产业资源配置，转向放松对市场的干预和管制，更加依赖市场手段和法律手段引导资源在产业部门间的有效配置。

3. 产业政策的系统性不断增强

产业政策内部的各项政策（如准入条件和目录中主要有产业调整政策、产业组织政策、产业技术政策和产业发展配套政策等）之间，产业政策与其他宏观经济政策（如信贷、土地、税收、价格、外贸、投资管理等）之间的协调性也逐步增强，产业政策同时具有解决比例失衡问题、促进产业结构升级和转换增长方式等多重目标。

4. 资源环境成为产业准入的重要考量

这一阶段国家产业政策的突出特点是强调了提高资源环境方面的产业准入门槛，抑制“高污染、高能耗、高物耗”产业的发展，将产业结构升级与发展循环经济、转变经济发展方式结合起来。这一时期，国家在投资宏观调控中采取了“有保有压”的产业政策，对投资增长过快的钢铁、水泥、电解铝、煤化工等行业加强了控制，同时强调大力发展高新技术产业，用现代技术改造传统产业，加快发展第三产业。尤其在2010年2月颁布的《国务院关于进一步加强淘汰落后产能工作的通知》中，淘汰落后产能工作被赋予了极为重要的意义，强调“采取更加有力的措施，综合运用法律、经济、技术及必要的行政手段”，并进一步加强了问责制的实行和行政上的组织领导。

5. 产业政策与类型日益多样化

随着改革的不断深化，产业政策的类型与手段也变得越来越丰富多样，如产业规划、指导性产业政策、特定领域的产业基本法、支柱产业振兴政策、行业准入标准、地区产业政策及主体功能区规划等，且其表现出以下方面的特征：

一是目录指导是一项重要的政策措施。2005年颁布《产业结构调整指导目录（2005年本）》进一步详细分列了鼓励类、限制类和淘汰类的目录，根据《促进产业结构调整的暂行规定》，对于鼓励类的产品和项目，相关部门在项目审批与核准、信贷、税收上予以一定的支持；对于限制类的新建项目则禁止投资，投资管理部门不予审批，金融机构不得提供贷款，土地部门不得供地等；对于淘汰类的项目，不但要禁止投资，各部门、各地区和有关企业要采取有力措施，按照规定限期淘汰。2009年以来推行的重点产业调整与振兴规划中，将调整《产业结构调整指导目录》和《外商产业投资产业指导目录》作为两项重要的内容，且目录直接与项目审批和核准、信贷获取、税收优惠与土地优惠政策的获取等紧密相关，同时限制类目录和淘汰类目录具有强制性实施的特性。

二是投资审批与核准是推行产业政策具有较强约束力的重要手段。2004 年《关于投资体制改革的决定》与《政府核准的投资项目目录》则为政策部门审核和管理各产业内的企业投资提供了依据，这种投资核准也成为推行产业政策的重要措施。

三是行业准入条件是产业政策工作创新的重要举措。围绕行业准入，制定了严格的管理程序，政府在行业准入上除环境、安全方面的规定外，还对设备规模与工艺、企业规模、技术经济指标设定了一系列详细的准入条件，改变了过去单纯依靠行政手段控制新上项目的做法。

四是主体功能区相关政策为产业发展提供了明确方向和根本遵循。随着国家和内蒙古主体功能区规划及实施意见的出台，进一步勾画了全区人口、产业和经济空间布局，明确各乡（镇）的功能定位，提出了分类管理的区域政策和具体产业政策，是内蒙古科学开发国土空间的行动纲领和远景蓝图，是国土空间开发的战略性、基础性和约束性规定，为内蒙古不同类型功能区产业发展提供了明确方向、根本遵循和制度基础。

二、资源环境承载力产业政策调整特征及效果评价

（一）内蒙古产业政策调整特征

从 2005—2016 年这段时期看，内蒙古除严格执行国家上位产业政策，并与国家产业政策整体变迁特征相一致外，在具体产业政策执行过程中，还表现出不同于国家方面的特征，主要体现在：

一是从政策执行导向看，2005—2008 年，这一时期主要以“发展什么产业”的导向性政策为主，相关政策明确提出要巩固和提高能源、化工、冶金建材、农畜产品加工、装备制造和高新技术等特色优势产业的主导地位。2008—2012 年，同样以突出抓好特色产业，按照“8337”发展战略的要求，加快建设六大产业基地；十八大以来，尤其是 2016 年第十次党代会，则明确提出要推进产业结构战略性调整，提出要做好资源转化增值这篇大文章，加快现代农牧业发展，推动内蒙古产业向高端化、智能化、绿色化、服务化方向发展。更加注重运用高新技术和先进适用技术改造提升能源、化工、冶金、建材、装备制造、农畜产品加工等产业，让传统产业焕发新活力、增强竞争力。更加注重立足现有基础和优势，统筹部署、集中力量，加快培育打造新能源、新材料、节能环保、高端装备、大数据云计算、生物科技、蒙中医药等战略性新兴产业，使其成为支撑内蒙古经济增长的主要动力。更加注重在服务业领域培育支柱产业，下大气力抓好金融、物流、文化、商务会展、健康养老等产业发展，尽快把服务业这块“短板”补起来。打造“壮美内蒙古·亮丽风景线”品牌，把内蒙古建成国内外知名旅游目的地。

二是从项目布局看，2005—2015年，主要以促进内蒙古特色优势产业的集约化、规模化发展，引导企业向园区集聚集中，截至2015年，全区共有各类开发区116个，全区开发区实现生产总值9209亿元，占内蒙古地区生产总值的51%。虽然全区开发区发展规模进一步壮大，但发展不集中、不协调、不可持续的问题依然突出，部分开发区产业“空心化”现象凸显，多数开发区建成面积不足规划面积的三分之一，入驻企业数量远低于预期，创新能力不足，环保设施建设滞后。基于以上问题，在2015年“十三五”规划及2016年第十次党代会中，明确提出要下大气力推进园区、开发区整合优化和转型升级，加快提升呼包鄂地区开发区的示范引领和辐射带动作用，与乌兰察布市、巴彦淖尔市开发区实现联动发展；加快提升乌海及周边地区开发区联动融合发展，以阿拉善经济开发区、乌海经济开发区、鄂托克经济开发区为重点，加快工业集中发展；积极引导锡林郭勒、赤峰、通辽市开发区间合作，主动融入环渤海、东北经济圈，实现资源互补、产业联动和协同合作，严控开发区无序扩张，打造更多百亿企业与千亿园区，促进产业集中集聚发展。

三是从政策实施手段和着眼点看，2005—2015年这一时期对前期“资源换产业”政策作出了相应调整，但仍然以用地和资源配置手段为主，只是对资源配置条件作了调整，明确提出对没有转化的项目不予配置资源；新开工的煤炭项目就地转化率必须达到50%以上。对于新开工的煤化工项目，不得低于100万吨甲醇当量，电力装机不低于60万千瓦的要求；在土地配置方面，对符合政策项目（或企业）提出先征后返政策；用电方面，制定了蒙东和蒙西不同的差别化电价优惠。2015年之后，政策实施手段则更多集中于用地和用电优惠方面。从政策着眼点看，主要以“选择性优惠”为主，政策优惠面主要向大企业倾斜。

（二）内蒙古产业政策实施效果评价

在国家和内蒙古系列产业政策引导下，全区经济增长的质量和效益得到了稳步提升，内蒙古地区生产总值及增速变化情况见图3-1。全区经济增长主要表现为：

一是经济综合发展水平得到明显提升。经济总量由2005年的3905亿元快速跨入2016年的18632.6亿元，成功晋升国家万亿元俱乐部；特色产业稳步发展，农牧业总产值由2005年的980亿元增加到2016年的2794.2亿元，能源、化工、冶金建材、装备制造和农畜产品为主的特色产业快速成长壮大，带动工业增加值由2005年1478亿元增加到2016年的7370亿元；第三产业快速发展，产业增加值由2005年的1542亿元增加到2016年的7925.1亿元，增长了4.14倍。

二是产业结构调整取得积极进展。首先，三次产业结构得到了明显改善，三次产业结构由2005年的15.1∶45.4∶39.5转变到2016年的8.8∶48.7∶42.5；其次，三此产业结构内部逐步优化，第一产业内部种植业、林业、畜牧业、渔业占比由2005年的39.1%、4.1%、45.4%、0.7%变化到2015年的36.9%、3.6%、42.1%、1.1%；服务业中的新兴服务业快速成长，旅游、金融、物流、信息、家政、健康、养老等新兴服务业发展成为新的经济增长点，成为服务业发展的重要推动力。工业内部结构正在全面优化，目前内蒙

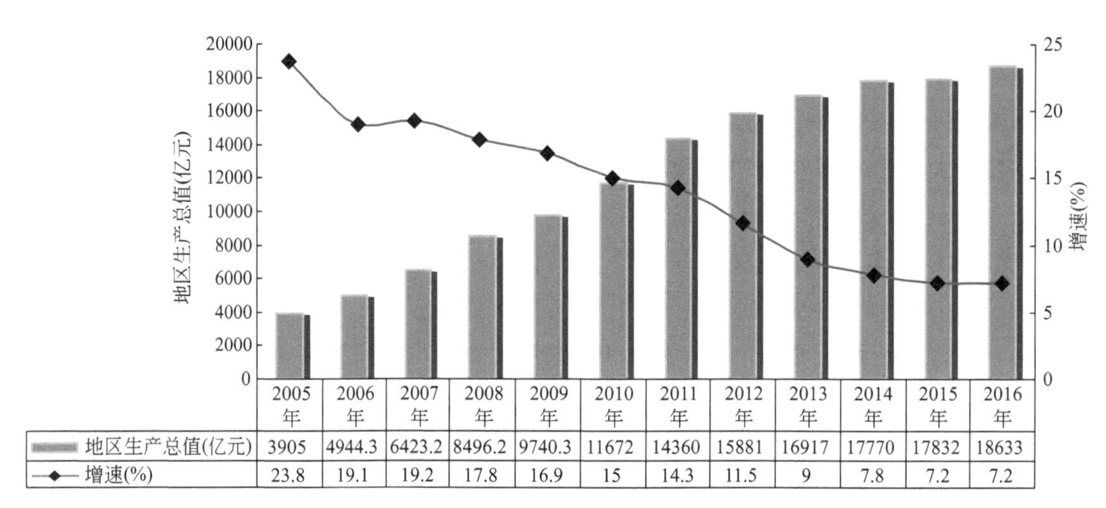

图 3-1　2005—2016 年内蒙古地区生产总值及增速变化情况

古工业传统行业的电解铝、电石、甲醇、农畜产品，加工转化率已经分别达到 70%、60%、41%、58%，比 2010 年分别提高了 27%、25%、36%、5%。煤炭产业对内蒙古规模以上工业增加值增长的贡献率由最高时的 42%，下降到目前的 20%左右，煤炭产业在内蒙古工业产值中的比重，也由最高时的 48%降到目前的 23%，战略性新兴产业实现了从无到有、由小到大的转变，在工业产值中的比重已经达到近 10%。2005 年、2010 年及 2016 年农业、工业、第三产业规模及发展变化情况如图 3-2 所示。

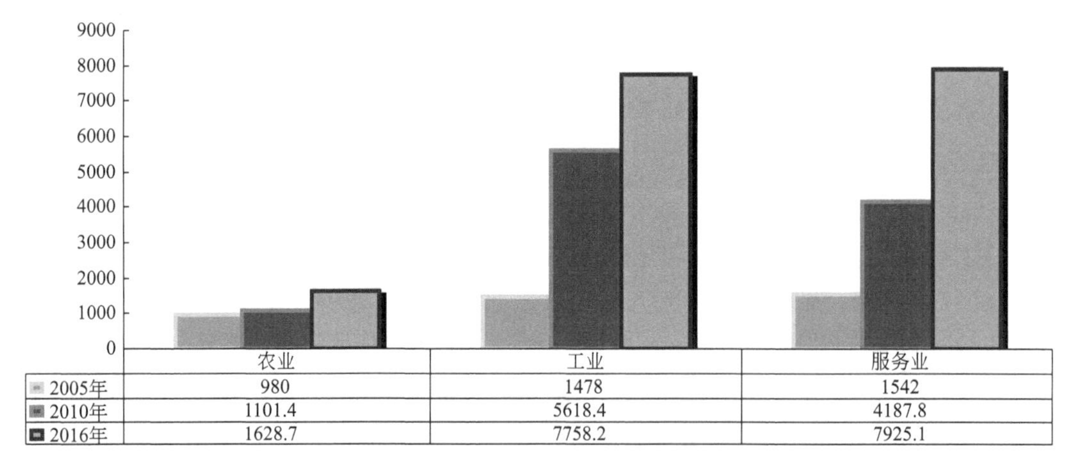

图 3-2　2005 年、2010 年及 2016 年内蒙古农业、工业和服务业增加值变化情况（单元：亿元）

三是产业集聚和集约水平有了很大提升。结合产业结构调整与区域主体功能区规划，内蒙古产业集聚集约水平有了很大提升。首先，从产业空间集聚看，正在形成以呼和浩特现代服务业中心、包头钢铁、装备制造业和稀土新材料产业基地以及鄂尔多斯清洁能源输出主力基地和国家现代煤化工生产示范基地为主的呼包鄂产业集聚区；以乌斯太—乌达、千里山—蒙西、西来峰—棋盘井为主的“小三角”先进制造业和焦化精深加工循环产业集聚区；东部锡赤通兴的特色农畜产品精深加工、有色、建材、化工、生物制造和新能源为主的产业集群；其次，从工业集聚集中看，产业基本实现了向园区的集聚集中，2016 年全区工业园区产值 1.61 亿元，对全区工业贡献率达到 68%，占全部工业产值的比重达到 64%左右；从农牧业集聚集中看，乳产业通过整合正在形成呼和浩特市、包头市、呼伦贝尔市三大优势生产基地；玉米产业正在形成以通辽市和呼和浩特市为中心的两大生产和加工基地；中东部地区成为肉羊和禽类优势生产加工区，锡林郭勒盟的肉羊、赤峰市的鸭、通辽市的鹅、鄂尔多斯市的沙棘已成为当地主导产业；巴彦淖尔市成为继新疆之后全国又一重要的番茄生产加工基地；乌海市的葡萄产业方兴未艾。2005 年和 2016 年内蒙古工业园区基本情况对比见表 3-1。

2005 年和 2016 年内蒙古工业园区基本情况对比表　　表 3-1

内容	2005 年	2016 年
工业园区数量(个)	87	117
入住企业(个)	1437	13500
实现产值(亿元)	250	17100
产值占全部工业产值比重(%)	8.3	64
贡献税金(亿元)	17	1375
占内蒙古全部工商税收比重(%)	6.1	70

四是产业创新活动渐入佳境。2016 年，内蒙古综合科技实力位列全国第 23 位，全社会研究与试验发展（R&D）经费达到 136.1 亿元，专利申请量突破 1 万件大关，每万人发明专利拥有量 1.49 件，是 2005 年的 3 倍左右；企业已成为创新的主体，产业技术水平明显提升，2016 年，内蒙古高新技术产业工业总产值达到 2933.21 亿元，比 2011 年增长了 57%，占规模以上工业企业总产值的比重为 14.26%，高新技术产业增长对经济增长的贡献率达到 58.11%，高新技术产业工业总产值占规模以上工业总产值的比重达到 14.26%，新兴产业占规模以上工业比重由 17%上升到 30%，农牧业科技贡献率达到 51.8%（表 3-2）。

2005 年、2010 年及 2015 年内蒙古 R&D 变化情况　　表 3-2

内容	2005 年	2010 年	2015 年
有 R&D 活动单位数(个)	54	95	157
有 R&D 活动单位占比(%)	14.3	13.1	20.5
科技活动人员(人)	21552	31694	39658
R&D 人员全时当量(人年)	8550	14363	25614
R&D 经费内部支出(亿元)	8.2	47.4	92.7
全社会 R&D 经费支出(亿元)	11.7	9.38	136.1
全社会 R&D 经费支出占 GDP 比重(%)	0.3	0.55	0.75

五是产业能耗、占地、用水与污染物排放状况得到很大改善。能源高消耗状况得到很

大改善：随着内蒙古产业结构与能源结构的调整和改善，单位国民生产总值所消耗的能源在逐步降低，2015年内蒙古能源消费弹性系数为0.44，较2005年降低了61.1%，单位GDP能耗为1.05吨标准煤/万元，较2005年下降了58%左右。产业占地粗放境况得到很大改善：2015年全区单位GDP建设用地占用面积为91.1公顷/亿元，较2005年下降了11.4%。用水状况得到很大改善：2015年全区万元国内生产总值（当年价）用水量103立方米，万元工业增加值（当年价）用水量23.6立方米，分别较2005年下降了77%和76.6%。污染物排放得到明显降低：2015年单位工业增加值废水、二氧化硫、烟（粉）尘排放量分别为14.5吨/万元、169吨/亿元和132.1吨/亿元，分别较2005年下降了14.1%、81%和68%，工业固体废物综合利用率提高了18.1个百分点（表3-3）。

资源消耗与污染物排放情况对比 **表3-3**

内容	2005年	2015年
能源消费弹性系数	1.13	0.44
单位GDP能耗(吨标煤/万元GDP)	2.48	1.05
单位GDP用地(公顷/亿元)	105.8	91.1
单位GDP耗水(立方米/万元)	447.8	103
单位工业增加值耗水(立方米/万元)	100.9	23.6
工业固废综合利用率(%)	40.9	59
单位工业增加值废水排放量(吨/万元)	16.89	14.5
单位工业增加值二氧化硫排放量(吨/亿元)	876.7	169
单位工业增加值烟(粉)尘排放量(吨/亿元)	408.4	132.1
单位工业增加值固废产生量(吨/亿元)	49818.5	0.52

但同时，从近几年产业政策实施及执行情况看，存在系列问题，主要表现为：

一是产业调整的精准度有待提升。在纷繁复杂、剧烈变化的国内外发展环境中，产业政策做到方向引导要准，就是要针对不同行业、不同地区，从总量与结构、供给与需求、内部因素与外部影响、体制机制与市场环境、中央政策与地方措施等多角度，剖析和找准问题及其成因，因业施策、因地施策，提高产业政策的针对性和有效性。但目前内蒙古产业政策主要以国家产业结构准入条件为准，虽然主体功能区化下对产业政策作了方向性引导，但在具体产业落地过程中，仍然要以国家相关产业准入条件为准绳，难以做到根据资源环境承载力实际需求制定和执行产业政策，一定程度上弱化了产业政策执行或落地效果。

二是产业政策实施机制有待优化。虽然目前产业准入政策（包括主体功能区相关引导政策）的实施，都对技术标准、环保、能耗、安全、质量监管等方面有了明确的要求和规定，这些要求的提出，有利于弥补市场在环保和安全方面的失灵；但在实际执行中，一些主导产业的选择、技术发展方向以及产业规模往往由政府确定，产业政策的实施往往又或多或少直接与项目审批和核准、信贷获取、税收优惠与土地优惠政策相挂钩，在吸引高端服务业和农牧业精深加工业等方面还缺乏有效的政策设计，并表现出一定的“选择性”，这在一定程度上偏离了使市场在资源配置中起决定性作用和更好发挥政府作用的改革宗旨。

三是产业政策动态调整机制较为缺乏。考虑到区域资源环境承载力随经济活动量的变化而改变的实际，产业政策也应该是一个动态的调整和适应过程，政府有关产业的激励和准入也须根据区域资源环境承载力的变化而实时调整。但目前由于区域资源环境承载力监督（评价）体系和机制缺失，以及以国家相关产业政策为主导特征影响，在产业政策调整和制定中还难以反映动态性。

四是执行中存在与产业政策初衷相背离的现象。产业政策是国家根据经济社会发展需要，从经济发展全局出发制定的中长期调控政策，而地方政府作为局部、独立的利益主体，不仅要实现国家整体利益，还要实现自身的特定利益。在利益机制的驱动下，尤其在产业政策实施的考评和监督还不完善，缺乏相应的激励约束保障机制，也缺乏对产业政策的及时纠错调整机制等的大背景下，当地方利益、局部利益与国家产业政策发生矛盾时，为了实现地方局部利益，地方政府行为往往与国家产业政策相背离，尤其是在市场价格扭曲和高附加值产品的诱惑下，产业政策导向与地方利益主体导向的错位就更加明显，导致产业政策“不落地”或“错落地”等现象的存在。

五是产业政策对区域发展的作用还不理想。首先，在促进区域协调发展方面的作用还不理想。我国在大多数重点产业（主导产业、高新技术产业）发展上，实行的是全国统一的政策，产业政策对区域协调发展的作用非常有限，甚至在某些方面还存在负面影响，如多年来地区间产业结构趋同和恶性竞争激烈等问题。其次，在弥补市场失灵方面的作用还不理想。在促进产业技术升级、产业结构调整、战略性新兴产业发展和经济社会生态协调发展方面，政策实施效果面临很大打折。如内蒙古早在2005年就提出要加快传统产业升级和战略性新兴产业发展，改变资源性产业“一柱擎天”和“挖煤卖煤”“挖土卖土”的简单发展方式；但截至2016年，内蒙古资源性行业增加值合计占规模以上工业增加值的比重仍达70%左右，对工业增长的贡献率达75%以上，占GDP比重达30%左右；工业产品仍然以原材料和初级加工产品为主，全区包括煤电在内的煤炭就地转化率仅为45%左右，全区农畜产品加工转化率也仅为58%左右，电石、甲醇转化率分别只有60%和49%；战略性新兴产业占地区生产总值比重仅为4.82%，不足全国平均水平的一半。此外，在进行地区生态和产业发展选择时，往往会出现生态让位于产业发展的境况，以牺牲生态环境换取地区经济的增长。

三、资源环境承载力产业政策总体思路

（一）总体思路

结合国家产业政策、内蒙古主体功能区规划及资源环境承载力现状，未来内蒙古产业结构调整的总体思路应为：

围绕我国社会主要矛盾已经转变为人民日益增长的美好生活需要和不平衡不充分的发展之间的矛盾的重大判断，产业政策调整要以推进供给侧结构性改革为主线，政策着力点应当是围绕加强资源环境负荷的总量控制，使其不得超越资源环境承载力的硬约束。

考虑到内蒙古各主体功能区单元区总体经济社会发展承载力任务较重的现实，以及本身地处国家生态安全、粮食安全以及能源安全的上风向区域，关系到全国国土生态安全的国家大事的客观实际，需要把兼顾“绿水青山”和“金山银山”作为内蒙古各旗县区制定和实施产业政策规制主要遵循和引领的原则。

鉴于内蒙古各旗县区产业整体水平较低、产业体系低端和产业技术效率相对较低，导致环境效率较低，今后地区产业政策规制应更多考虑技术准入与现代产业体系，产业规制应以提高企业环境效率为主要着力点。

结合使市场在资源配置中起决定性作用和更好发挥政府作用和产业政策差别化精准化的要求，产业政策应着力从产业组织政策、产业结构政策、产业技术政策和产业布局政策等方面入手，以结构调整目录和产业负面清单为主要政策调节和引导内容，手段上更多向市场化、法制化和普惠化方向转变，重点以资源环境等要素市场差别化和梯度化为牵引，政策制定的基点应该更多立足于产业发展的质量和效率。

考虑到内蒙古产业的结构性过剩与短缺并存的局面，以及产业加快融合的总体趋势，今后产业政策重心应尽快向各种要素的合理引导和优化配置方面倾斜，重点支持产业融合和技术创新平台建设，推动产业效率变革、质量变革和动力变革，以充分提高产业全要素生产率。

（二）指导思想

认真落实党中央、国务院决策部署，紧紧围绕统筹推进“五位一体”总体布局和协调推进“四个全面”战略布局，牢固树立和贯彻落实新发展理念，坚定不移实施主体功能区战略和制度，以建立资源环境承载能力监测预警长效机制为抓手和切入点，全面细化产业配套政策，发挥对资源环境承载能力监测预警的引导约束作用，切实将各类产业经营活动限制在资源环境承载能力之内，为构建高效协调可持续的国土空间开发格局和推进生态文明建设奠定坚实基础。

（三）政策导向

1. 政策重点由“改善供给”向“供需调整相结合”转变

产业政策重点由“改善供给”向“供需调整相结合”转变，即产业政策要充分聚焦新时期主要矛盾，不断增强竞争力，在高技术产业上占领技术制高点；不断提高产品和服务的质量，真正满足人民群众对美好生活的需要；持续优化产业结构，要根据社会需求升级情况，及时淘汰落后产能和化解过剩产能，不断增加战略性新兴产业、高端服务业的供给；引导建立科技含量高、资源消耗低、环境污染少的产业结构和生产方式，让绿色发展、循环发展、低碳发展成为产业发展的根本途径。

2. 产业政策导向上要实现“三个”转变

从偏重产业规模增长向注重产业发展与资源环境承载力总量兼顾转变。打破以往“碎片化”的产业引导格局，产业政策调整的主线应当是围绕加强资源环境负荷的总量控制，使其不得超越资源环境承载力的硬约束，从较多关注产业规模向更多关注产业发展与资源环境承载力总量兼顾，杜绝以往“捡到篮子里都是菜”的做法。

从盲目引进向理性引进转变。目前内蒙古正处于由传统比较优势向新竞争优势的转型期，资源、环保等传统比较优势正在不断弱化，而在高级生产要素上尚没有形成新的竞争优势。因此，承接产业转移应牢固树立生态文明观，切实考量区域生态承载力，加快承接产业转移模式的绿色转型，必须尽快把承接产业转移的短期行为转变为培育功能区竞争优势的长期行为，通过承接产业转移加快经济结构战略性调整和产业结构优化升级。

从给予优惠政策向优化发展环境转变。长期以来，各地在招商引资及给予优惠政策方面考虑得多，在发展环境优化方面却不够重视，一方面付出了巨大的经济成本，另一方面也不利于公平配置要素。在经济新常态下，这与政府职能和市场功能逐渐背离，因此必须加快转变这一做法。要加快深化改革，加快转变政府职能，退出选择性产业政策，尽可能清除（除生态环境、生产安全领域以外）政府对微观经济不必要的直接干预，促进生产要素优化配置，打破行政垄断和市场壁垒，探索高效的管理体制和互利双赢的合作模式，以良好的发展环境来促进承接产业转移。

3. 政策内容应向市场友好型的功能性和普惠性产业政策转变

要聚焦问题、目标与价值导向，推进产业政策向市场友好型的功能性和普惠性产业政策转变，这包括：进一步完善环境保护的法律和制度，并使之行之有效；强化知识产权保护；强化对基础性研究的支持，对于具有较强外部性的应用性研究以及具有重大影响的应用性研究提供资助；教育与专业人才培养（包括技术工人的培养）；行业信息，技术发展及趋势，经济运行信息的收集、整理、研究与发布，为行业信息交流和研讨提供公共平台。

4. 政策实施手段应向严格市场准入和负面清单制度并重转变

对不同资源环境承载力状况实施严格市场准入与负面清单管理制度，实行差别化的占地、耗能、耗水、资源回收率、资源综合利用率、工艺装备、“三废”排放和生态保护等强制性标准，细化落实和动态调整各旗县不同预警产业发展指导目录、负面清单和相应差别化要素供给价格体系。

5. 进一步创新产业政策以加快生态产业发展

尽早出台生态产业扶持政策，引导保护区群众转变生产生活方式，在资源环境整体承载力的范围内发展具有地方特色的生态产业，以生态产业的发展进一步助推生态建设与环境保护。实施生态产业化战略，促进环境资源优化配置，重点发展生态工业、生态循环农业、生态型服务业，推动经济转型升级。大力发展新能源、新材料、节能环保、生物医药、电子信息和高端制造等战略性新兴产业，建议设立政府战略性新兴产业发展引导资金和发展资金，重点扶持新兴产业。

6. 建立产业扶持与政策退出的长效机制

对农产品主产区、重点生态功能区和重点开发区资源环境承载力超载地区的现有产业，通过设备折旧补贴、设备贷款担保、迁移补贴等手段，促进跨区域转移或退出。建立健全防范和化解产能过剩的长效机制。

（四）具体产业政策调整方向及内容

在全力做好国家相关产业政策以及内蒙古主体功能区产业政策梳理和归结的基础上，重点建立与内蒙古各旗县资源环境承载力预警机制相适应的差别化、精准化与动态化产业政策配套体系。

1. 建立与资源环境承载力预警机制相适应的差别化精准化产业政策

要从国土是经济社会活动所需要的淡水、能源、土地、矿产等基本物质原料的来源的功能出发，将土地、水、生态和能矿资源作为产业发展和项目引进的前置条件，探索建立与资源环境承载力预警等级相适应的差别化政策。一是列出产业发展目录，明确区域资源环境能够承载的产业，明确政府扶持的战略产业、先导产业；二是设定产业准入门槛，列出禁止发展的产业目录，明确区域资源环境条件不能承载、会进一步削弱区域资源环境承载力的产业发展行为；三是用区域产业布局规划，引导企业依据资源环境承载力的空间分布进行产业发展布局。总而言之，通过重要资源配额控制或效率准入等差别化政策，做好资源优化配置，促进形成与资源环境承载力相适应的国土空间开发格局。

组合承载能力、预警等级以及功能区政策类型，对不同承载能力和预警等级下的各类功能区制定响应政策措施，以促进自然环境资源与产业发展相适应（表3-4）。

承载能力、预警等级及功能区政策组合类型　　表3-4

承载能力	预警等级	功能区类型
超载	红色	重点开发区
		限制开发区（农产品主产区）
		限制开发区（重点生态功能区）
		禁止开发区
	橙色	重点开发区
		限制开发区（农产品主产区）
		限制开发区（重点生态功能区）
		禁止开发区
临界超载	黄色	重点开发区
		限制开发区（农产品主产区）
		限制开发区（重点生态功能区）
		禁止开发区
	蓝色	重点开发区
		限制开发区（农产品主产区）
		限制开发区（重点生态功能区）
		禁止开发区

续表

承载能力	预警等级	功能区类型
不超载	绿色无警	重点开发区
		限制开发区（农产品主产区）
		限制开发区（重点生态功能区）
		禁止开发区

超载-预警产业政策：要施行严格的土地、水、生态和能矿资源一票制，对于超载并使得某一环境要素承载力出现趋差的，要结合相应主体功能区产业政策，调整相应产业指导目录，重点以产业负面清单为指导，全面提升相关产业准入标准，严格禁止仅能符合而不优于国家和内蒙古现有产业标准的产业进入。

超载-重点功能区：因地制宜制定更高的资源环境消耗（或排放）达标标准，停止对相关项目的各种产业优惠政策，加快对现有主导产业资源损耗改造和提升，对达标的企业继续享受相关优惠政策外，并在某些方面提升优惠标准；对于不能达到标准或限期改造提升仍不达标的，引导其以“飞地”或购买相应资源环境承载力指标的方式倒逼产业加快转型或退出。加快淘汰落后产能，削减低效产能，提升现有主导或配套产业资源环境标准，鼓励各区县在项目引进中实行严于国家和市级标准的准入条件；进一步完善产业发展负面清单，实行差别化的占地、耗能、耗水、资源回收率、资源综合利用率、工艺装备、“三废”排放和生态保护等强制性标准。按照标准从现有较高能耗或排放产业中梯度拓展限制类产业，并严控新增产能。促进企业兼并重组，分类有序、积极稳妥处置产能过剩行业的企业退出问题。建立新兴产业评价和激励体系，鼓励高技术产业、中高端制造业、知识密集型服务业的探索和发展。推进新兴产业发展策源地和技术创新中心建设，打造特色鲜明、创新能力强的新兴产业集群。加快推进重点领域和关键环节改革，进一步完善有利于汇聚技术、资金、人才的政策措施，创造公平竞争的市场环境，全面营造适应新技术、新业态蓬勃涌现的生态环境，加快形成经济社会发展新动能。

超载-限制开发区（农产品主产区）：限制高耗能、高耗水产业发展，不再批建资源消耗高、环境污染重的工业项目；对已有产业要制定更为严格的资源消耗或排放标准，倒闭相关产业转型升级或引导产业梯度退出。加强农用化学物质的选择和使用量控制，降低农业面源污染，实施耕地质量提升工程，加快中低产田改造，营造综合高效农田防护林网，推进连片标准粮田建设。鼓励开展土壤改良，实施沃土工程、有机肥施用工程、测土配方施肥工程等，稳步提高耕地基础地力和持续产出能力。推广节水灌溉技术，发展节水农业和旱作农业。

超载-限制开发区（重点生态功能区）：严格控制开发强度，尽快减少农村居民点占用的空间，腾出更多的空间用于维系生态系统的良性循环。城镇建设与工业开发要依托现有资源环境承载能力相对较强的城镇集中布局、据点式开发，禁止成片蔓延式扩张。原则上不再新建各类开发区和扩大现有工业开发区的面积，已有的工业开发区要逐步改造成为低消耗、可循环、少排放、“零污染”的生态型工业区。

超载-禁止开发区：对超载的禁止开发区实行强制保护，加快制定禁止开发区域产业退出指导目录，严格控制相关产业发展，加快推进现有采矿、采伐等相关企业退出，逐步退出已开坑耕地，恢复自然原貌。地方政府要限期通过设备折旧补贴、设备贷款担保、关闭补贴、迁移补贴、土地调整、设置“产业飞地”等手段，逐步退出、关闭或迁移不符合主体功能区发展方向的产业。自治区、盟市财政要通过完善一般性转移支付制度等方式，加大对限制开发区域、禁止开发区域的补助力度，弥补因产业退出和转移发生的地方减收和成本性支出。

临界超载-预警产业政策：对于这一类型的区域，大体上以执行目前内蒙古主体功能区相关产业政策为准，但在具体的产业政策执行过程中，要结合资源环境承载力因地制宜适度调整相应产业指导目录与产业发展标准。对于重点开发区，重点开发区域、重点生态功能区点状开发的城镇建设能源、化工、冶金与有色、战略性新兴产业、装备制造、农畜产品生产加工等重大项目，必须开展环境影响评价，符合资源环境承载能力。通过节能指标、环境容量、水资源配置等资源环境承载能力管控，集中布局在《内蒙古自治区以呼包鄂为核心沿黄河沿交通干线经济带重点产业发展规划》《内蒙古东部盟市重点产业发展规划》等相关规划确定的能源化工基地、开发区和工业园区。严格限制“两高一资”产业落地，限制进行大规模高强度工业化、城镇化开发，不得新建工业企业和矿产开发企业，原则上不再新建各类产业园区，严禁随意扩大现有产业园区范围。实行更加严格的产业准入环境标准，严格落实新建项目环保准入机制，对建设项目的占地、耗能、耗水、资源回收率、资源综合利用率、工艺装备、“三废”排放和生态保护等执行强制性标准，以引导产业逐步与当地资源环境承载力状况相适应。在进一步细化限制类和禁止类产业指导目录的同时，着力引导发展环境友好类产业发展，对于限制开发区和禁止开发区，发展旅游、农林牧产品生产和加工、先进制造业等适宜产业项目，必须符合相应领域的专项规划，必须开展环境影响评价，不得对生态环境造成负面影响。限制开发区域发展农畜产品生产加工、旅游及相关服务业等符合主体功能定位的产业，重点布局在《内蒙古自治区绿色农畜产品生产加工输出基地发展规划》《内蒙古自治区旅游产业发展规划》等相关规划确定的主产区、产业带和旅游区。

不超载-绿色无警产业政策：要优先安排同一功能区重点项目和优先支持的产业因地制宜向对应的功能区布局；在执行内蒙古主体功能区相关产业政策的基础上，研究建立生态保护补偿机制和发展权补偿制度，积极探索资源环境承载力相关指标的转让交易，鼓励符合主体功能定位的适宜产业发展，并加大绿色金融支持的倾斜力度。

2. 加快建立产业政策动态预警调整机制

结合产业资源环境承载力预警机制，加快建立产业政策预警机制，在综合考量历史数据、现有市场和可以预见的未来市场的基础上，建议发改部门、相关研究机构和中介组织探索建立起产业政策分析模型和相关数据库，预测某一产业大小的量化空间，用定量分析替代目前政府习惯的“定性指导”，定性向社会公布，以避免投资者基于不充分的信息所作的判断，而误撞入产业“陷阱”。同时要立足资源环境承载力预警情况，结合监测过程中出现的问题，建立产业政策优化方向和内容的动态调整机制，以推动产业政策与资源环境承载力预警机制相适应的激励与约束机制的良性运转。针对不同环境承载能力区域预警变化趋势，区别设置与调整相应的产业政策，确保环境承载能力预警不严重化、不恶化（表 3-5）。

产业政策动态预警调整机制　　**表 3-5**

预警变化趋势	相关产业政策动态调整内容
超载变为临界超载	制定和实施正向产业政策激励机制，按照临界超载或不超载相关政策执行
临界超载变为不超载	制定和实施正向产业政策激励机制，按照不超载绿色无预警相关政策执行
不超载变为临界超载	制定和实施产业负面约束机制，参照超载地区水资源、土地资源、环境、生态、海域等单项管控措施酌情进行处理，必要时可参照红色预警区综合配套措施进行处理
临界超载变为超载	制定和实施产业负面约束机制，参照红色预警区相关产业综合配套措施进行处理
超载内部橙色与红色预警变换	由红色变为橙色以执行红色预警区相关产业配套政策为主；相反由橙色变为红色则要严格参照红色预警区相关产业综合配套措施进行处理，并调整相关产业目录或部分产业准入门槛，加快部分产能过剩或高消耗（高排放）产业退出
临界超载黄色与蓝色预警变换	由蓝色变为黄色的仍然以执行临界超载区产业政策为主，但对个别产业要制定更为严格的准入标准或产业结构优化目录；相反由黄色变为蓝色，则以继续执行临界预警区相关政策为主

四、保障措施

（一）完善政策机制

在资源环境承载力预警产业政策的制定和调整过程中，除了要有政府统一领导和综合经济管理部门牵头外，应加强政府、产业、高校结合，推进决策主体多元化。可以成立资源环境承载力预警产业配套政策审议委员会，由政府部门、产业部门、大学以及研究机构按一定比例人员组成，对资源环境承载力预警下产业政策的制定和调整提供咨询与建议，增强产业政策制定与调整的科学性与实操性。

（二）建立产业预警协调工作机制

结合资源环境承载力预警及主体功能区相关产业政策，建立由内蒙古人民政府主要领导负总责的协调机制，建议由内蒙古人民政府常务副主席为召集人、区直相关部门负责同志为成员的内蒙古资源环境承载力预警政策调整工作联席会议，会同有关部门加紧研究才出台具体实施细则及相关配套政策措施，并负责重大预警问题的组织协调，为深入推进工作营造良好的环境。

（三）加快建设产业政策预警数据库

结合资源环境承载力预警机制推进契机，配套推进产业政策数据库建立，加快现有产业政策的梳理，在综合考量产业政策历史数据、现有市场和未来政策技术市场的基础上，引导有关部门和中介组织积极探索建立产业政策分析与模拟模型，用定量分析替代目前政府的“定性指导”。完善政府信息公开制度，健全市场、产能、技术和政策等产业发展信息库，并将最新产业政策和定量分析结果定期向社会公布；要根据承载力数据库提供的依据和评价标准，完善产业预警机制，设置预警控制线与响应线——承载力指数。当承载力处于预警控制线时，要积极采取整改措施，缓解资源环境承载压力与状态，并提前准备应急预案。当进入预警响应区域时，应及时发布紧急戒备警报，避免事态扩大以及造成严重后果。利用大数据为企业、行业和地方，提供全面、权威、及时的信息，引导市场主体理性决策。

（四）形成部门合力

加强同环保、统计、国土、财政、金融、征信和执法部门的协同，着力打好政策“组合拳”，加快部门间数据信息的开放与共享，以形成部门间合力，提升政策实施的效果和效率。要建立承载力指数发布制度，定期向社会发布承载力指数，让社会公众了解资源环境承载力面临的情况，增强公众对资源环境保护的危机感与责任感，发挥对资源环境承载力提升的监督作用。发布资源环境承载力年度报告，并使其成为政府决策、投资商加盟的重要依据。

（五）强化监督检查

内蒙古发改委会同有关部门和地方政府要通过书面通知、约谈或公告等形式，对超载地区、临界超载地区进行预警提醒，并督促相关地区进一步完善和执行相应的产业预警政策。开展超载地区限制性措施落实情况监督考核和责任追究，对于限制性措施落实不力、资源环境持续恶化地区的政府和企业，建立信用记录，纳入全国信用信息共享平台，依法依规严肃追责。

（六）建立健全预警政策实施的制度保障

将资源环境承载预警产业执行情况纳入领导干部绩效考核体系，将资源环境承载能力变化状况纳入领导干部自然资源资产离任审计范围，并以此作为各地级市考核、重要战略安排的科学依据，切实落实自然资源用途管制制度。结合内蒙古资源资产负债表试点及国家自然资源与环境管理结构建立进度，加快编制内蒙古资源资产负载表及相应的绿色统计与核算体系，为预警政策实施和评价提供更为科学合理的统计依据。

专题 4

内蒙古资源环境承载力生态环境政策研究

一、资源环境承载力生态环境政策梳理评价

（一）国家制度与政策

我国在绿色发展理念的引领下，积极推进生态文明建设，相关制度体系和政策环境不断完善，源头严防、过程严管、后果严惩的生态文明制度体系逐渐完善，为改善生态环境保护质量、提升资源环境承载力提供了有力的保障。

生态文明建设的战略思想日益完善。十八届三中全会提出，加快建立系统完整的生态文明制度体系；四中全会要求，用严格的法律制度保护生态环境；五中全会提出“五大发展理念”，将绿色发展作为“十三五”乃至更长时期经济社会发展的一个重要理念，成为党关于生态文明建设、社会主义现代化建设规律性认识的最新成果。党的十九大报告，把“坚持人与自然和谐共生”作为新时代中国特色社会主义思想的精神实质和内涵，把“加快生态文明体制改革，建设美丽中国”作为九大任务之一，提出“还自然以宁静、和谐、美丽”。

生态文明建设改革步伐快速前进。党的十八大以来，38 次中央深改组会议审议通过的文件中，有关生态文明建设改革的达 40 余份。全面推行河长制，健全生态保护补偿机制，建立国家公园体制、绿色金融体系、生态环境损害赔偿制度……一项项重要改革举措落地生根，新的生态文明体制机制逐步建立完善。2015 年 4 月，中共中央、国务院印发《关于加快推进生态文明建设的意见》，明确了生态文明建设的总体要求、目标愿景、重点任务、制度体系。这是继党的十八大和十八届三中、四中全会对生态文明建设作出顶层设计后，中央对生态文明建设的一次全面部署。《意见》首次提出“绿色化”概念，并将其与新型工业化、城镇化、信息化、农业现代化并列，赋予了生态文明建设新的内涵，明确了建设美丽中国的实践路径。同年 9 月，《生态文明体制改革总体方案》出台，明确提出到 2020 年，健全自然资源资产产权制度、建立国土空间开发保护制度、建立空间规划体系、完善资源总量管理和全面节约制度、健全资源有偿使用和生态补偿制度、建立健全环境治理体系、健全环境治理和生态保护市场体系、完善生态文明绩效评价考核和责任追究制度等八项制度，推进生态文明领域国家治理体系和治理能力现代化，努力走向社会主义生态文明新时代。同时，生态基础相对较好的福建、贵州、江西三省，先行成为国家生态文明试验区，形成一批可复制、可推广的改革经验。

生态环境修养和补贴力度不断加大。2014 年 4 月 1 日起，黑龙江率先在全国全面停止重点国有林区天然林商业性采伐。2015 年全面停止内蒙古、吉林等重点国有林区商业性采伐，2016 年全面停止非天保工程区国有林场天然林商业性采伐，2017 年全面停止全国天然林商业性采伐。2015 年 3 月 17 日，中共中央、国务院印发的《国有林场改革方案》和《国有林区改革指导意见》，重点国有林区从“开发利用”转入“全面保护”的发展新阶段。2016 年，全国森林面积和蓄积分别增加到了 31.2 亿亩和 151 亿立方米，这些森林

资源的年生态服务价值为12.68万亿元。2016年11月国务院办公厅印发《湿地保护修复制度方案》，在湿地分级管理、湿地保护目标责任制、湿地用途监管、退化湿地修复、湿地监测评价、湿地保护修复保障机制建设方面，对各部委提出明确要求。继续实施草原生态保护补助奖励机制政策，2012年，除继续在内蒙古、新疆、西藏、青海、甘肃、四川、宁夏、云南和新疆生产建设兵团实施草原生态保护补助奖励政策外，争取将政策扩大到河北、山西、辽宁、吉林和黑龙江5省的36个牧区、半牧区县；中央财政下达草原生态保护补助奖励资金150亿元，安排草原禁牧面积82万平方千米，草畜平衡面积173.7万平方千米，牧民生产资料综合补贴284万户，牧草良种补贴8万平方千米，后续产业扶持3亿元，绩效奖励资金4.6946亿元。2016年，全国草原综合植被覆盖度54.6%，较5年前提高3.6个百分点。

生态环境保护制度更加严厉。十八大以来，全国在生态文明建设领域制定修订的法律达十几部之多，除了新《环境保护法》，还有《大气污染防治法》《野生动物保护法》《环境影响评价法》《环境保护税法》等。中国正在以前所未有的速度，构建最严格的环境资源法律制度。2015年1月1日，被称为“史上最严”的新《环境保护法》开始实施，突破性的明确了按日连续处罚等重要执法手段，降低了环境污染入刑门槛。据环保部统计，2016年，全国查封扣押案件为9976件，停产限产5673件，按日连续处罚1017件，分别比2015年增长138%、83%和42%，有效遏制了企业环境违法行为。“大气十条”“水十条”“土十条”相继出台，治污攻坚战向纵深挺进。2013年9月，我国发布实施《大气污染防治行动计划》，提出10个方面的硬措施，并明确了量化目标，保卫蓝天的攻坚战全面打响。2015年4月2日《水污染防治行动计划》出台，2016年5月28日《土壤污染防治行动计划》出台。相应法律将相继颁布，《大气污染防治法》自2016年1月1日起施行；2017年6月27日《水污染防治法》修订通过，自2018年1月1日起施行；制定《土壤污染防治法》的前期工作紧锣密鼓开展，中国生态环境法治体系不断完善、加严。2016年11月10日，国务院办公厅正式印发《控制污染物排放许可制实施方案》，截至目前，全国排污许可管理信息平台已建成投运，火电和造纸两个行业排污许可证核发工作已如期完成，钢铁和水泥排污许可证核发工作正全面启动。试点省（区、市）正在积极推进各项试点工作，为全面深化制度改革打下了扎实基础。在绿色发展理念指引下，2016年，单位GDP能耗、用水量分别比2012年下降17.9%和25.4%，主要污染物减排效果显著。

生态环境保护监督管理机制更加完善。第一，2014年1月，环保部印发了《国家生态保护红线-生态功能基线划定技术指南（试行）》，成为中国首个生态保护红线划定的纲领性技术指导文件；2017年2月，中共中央办公厅、国务院办公厅印发《关于划定并严守生态保护红线的若干意见》。生态保护红线是继18亿亩耕地红线之后，我国又一条被提到国家层面的“生命线”，目的是建立最为严格的生态保护制度，对生态功能保障、环境质量安全和自然资源利用等方面提出更高的监管要求，从而促进人口资源环境相均衡、经济社会生态效益相统一；目前全国已有12个省份初步划定，总面积约60万平方公里。第二，2013年1月2日国务院办公厅发布了《实行最严格水资源管理制度考核办法》，2014年3

月水利部印发了《关于加强河湖管理工作的指导意见》，2016年7月水利部印发了《关于加强水资源用途管制的指导意见》，全面加强了水资源管理。第三，2016年7月，中央深改小组审议通过《关于省以下环保机构监测监察执法垂直管理制度改革试点工作的指导意见》，在很大程度上使地方环保部门甩掉包袱、减少顾虑，具有非常强的针对性。2015年8月，国务院办公厅印发《生态环境监测网络建设方案》。2016年，环境保护部出台《生态环境监测网络建设方案实施计划（2016—2020）》，明确了2016—2020年生态环境监测网络建设目标。2016年底，全国338个地级及以上城市的1436个国家环境空气自动站点（国控空气站点）监测事权上收工作全部完成；2017年10月，全国2050个地表水考核断面的监测事权将实施采测分离，2018年7月底前基本完成自动站建设。完善环境监测体系，进一步保障了监测数据的质量，破除了各方干扰。第四，2015年7月，中央深改组第十四次会议审议通过《环境保护督察方案（试行）》，中央环保督察大幕正式拉开。环境保护督察作为推进生态文明建设的重要抓手，是环境监管体制改革的重要内容。截至目前，中央环保督察已实现全国31个省（区、市）的全覆盖，问责人数超过1.7万，地方已办结9.7万多件群众举报，解决了一大批百姓关注的突出环境问题，强势震慑了污染企业。同时，地方党委政府受到极大触动，有效促进了环保长效机制的建立。2017年7月，中办、国办就甘肃祁连山国家级自然保护区生态环境问题发出通报，“不作为、不担当、不碰硬”“没有站在政治和全局的高度”“监管层层失守”“弄虚作假、包庇纵容”等严厉措辞频现，包括3名副省级干部在内的几十名领导干部被严肃问责，引起社会强烈震动，彰显党中央保护生态环境的坚定意志。按照中央深改组审议通过的《跨地区环保机构试点方案》和《按流域设置环境监管和行政执法机构试点方案》的要求，2018年9月底，京津冀及周边地区跨地区环保机构试点将完成筹备组建和试运行，跨流域环保机构也将开始试点。第五，“河长制”是中国生态文明建设的一个新实践。全国既有市长、省长担任的“河长”“总河长”，也遍布多莉这样的“小河长”。环保部开通“12369”环保微信举报平台，拓宽群众参与渠道和范围，累计受理群众举报近7.3万余件。第六，压减燃煤、淘汰黄标车、整治排放不达标企业，启动大气污染防治强化督查，实招发力，实效已现。第七，为充分发挥环评的源头预防作用，从体制机制上化解环评审批利益冲突，阻止利益输送，铲除环评领域滋生腐败的土壤和条件，环境保护部2015年3月23日印发《全国环保系统环评机构脱钩工作方案》。截至2016年底，全国所有地方环保部门的350家环评机构已经全部完成了脱钩任务。第八，根据国家发展改革委2011年10月《关于开展碳排放权交易试点工作的通知》，北京、天津、上海、重庆、湖北、广东、深圳等7省市2013年正式启动碳交易试点工作。2016年，北京环境交易所，塞罕坝林场18.3万吨造林碳汇挂牌出售，全部475吨碳汇实现交易，可获益1亿元以上。与2013年相比，2016年京津冀地区$PM_{2.5}$平均浓度下降了33%、长三角区域下降31.3%、珠三角区域下降31.9%。

绿色生活方式悄然升起。开展光盘行动，资源回收，减少使用一次性餐具，购买节能与新能源汽车、高能效家电，“随手拍”拯救家乡河流……越来越多的普通民众践行绿色生活方式和消费理念，保护生态环境、建设美丽中国的共识度不断提升。2016年2月，中国可再生能源装机容量占全球总量的24%，新增装机容量占全球增量的42%，已成为世界节能和利用新能源、可再生能源的第一大国。

绿色政绩考核体系正在形成。十八届三中全会明确要求“纠正单纯以经济增长速度评定政绩的偏向”。2013年底，中组部印发《关于改进地方党政领导班子和领导干部政绩考核工作的通知》，规定各类考核考察不能仅仅把地区生产总值及增长率作为政绩评价的主要指标，要求加大资源消耗、环境保护等指标的权重。2015年8月出台的《党政领导干部生态环境损害责任追究办法（试行）》，强调显性责任即时惩戒，隐性责任终身追究，让各级领导干部耳畔警钟长鸣。《办法》要求，对违背科学发展要求、造成生态环境和资源严重破坏的，责任人不论是否已调离、提拔或者退休，都必须严格追责。2015年11月，《开展领导干部自然资源资产离任审计试点方案》《编制自然资源资产负债表试点方案》的出台，标志着这项工作正式拉开帷幕。2016年12月，中办、国办印发《生态文明建设目标评价考核办法》，确定对各省区市实行年度评价、五年考核机制，以考核结果作为党政领导综合考核评价、干部奖惩任免的重要依据。一系列绿色考核机制，去除了“GDP紧箍咒”，也抓住了“关键少数”，从根本上扭转了过去一些地方党委、政府环保责任虚、环保工作松、环保追责软的局面，“党政同责”“一岗双责”、失职问责的督政体系更具操作性。

（二）自治区制度与政策

在“进则全胜，不进则退”的紧要关头，内蒙古牢固树立尊重自然、顺应自然、保护自然的理念，从战略和全局的高度加快推进生态文明建设，生动诠释了以绿增色、以绿生财、以绿造福、以绿添富的发展理念。自2014年启动实施《关于加快生态文明制度建设和改革的意见》至今，我区已出台37项生态文明体制改革成果，60%的国土面积划入生态红线保护，10.2亿亩草场纳入草原生态补助奖励政策，102个国有林场全面停止天然林商业性采伐……为切实筑牢我国北方重要生态安全屏障起到了重要作用。

全面贯彻落实主体功能区规划和制度。“十二五”以来，内蒙古严格按照《全国主体功能区规划》和《内蒙古自治区主体功能区规划》部署，根据收缩转移、集中开发、集约发展的要求，遵循人口资源环境相均衡、经济社会生态效益相统一的原则，合理控制开发强度，调整开发内容，创新开发方式，规范开发秩序，明确工业化、城镇化发展方向，提高开发效率，构建高效、协调、可持续的国土空间开发格局，积极推进重点开发区域、限制开发区域和禁止开发区域建设，生产空间、生活空间、生态空间得到逐步明确，初步形成较为合理的城市化格局、产业发展格局、生态安全格局。2015年1月，自治区为了深入推进国家和自治区主体功能区规划的实施，出台《关于自治区主体功能区规划的实施意见》，对全区重点开发区域39个旗县、农产品主产区21个旗县、重点生态功能区41个旗县和318个禁止开发区域，从产业、公共财政和投资、建设用地、节能减排和水资源配置、人口有序流动等方面提出针对性的政策，进一步明确了各类功能区的差别化发展和可持续发展的政策导向。建立国土空间开发保护制度，实施自治区主题功能区规划，全面推进生态红线划定工作，26个旗县（市）开展了基本草原红线划定试点，实施了水功能区分级分类管理；已经划定林业生态“四条红线”和8.8亿亩基本草原红线，水资源“三条红线”控制指标分解到盟市、旗县，基本完成83个旗县永久性基本农田划定工作。

把生态补偿作为保护资源环境承载力的重要措施。十八大以来，内蒙古在国家政策扶持下，继续实施了退耕还林、退牧还草、天然林保护、京津风沙源治理、草原生态补助奖励等具有一定的生态补偿性质的重大生态建设工程。目前，已经启动政策覆盖人数最多、覆盖面最广的新一轮草原生态保护补助奖励机制，将10.2亿亩可利用草原全部纳入保护范围，其中禁牧、休牧4.05亿亩，草畜平衡6.15亿亩，每年获得国家草原补奖资金逾45亿元，惠及146万户、534万农牧民，草原生态得到休养生息，对牧民收入稳定增加起到重要作用。同时，相继启动退牧还草二期、京津风沙源治理二期、退耕还林二期等工程，调整实施方式，适当提高补助标准。例如退耕还林二期由一期鼓励种植生态林为主转向经济林，保障生态效益的同时注重经济效益，将有利于提高老百姓收入，也有利于推进自治区生态补偿脱贫2.5万人任务的顺利完成。2015年3月31日，内蒙古大兴安岭森工集团、岭南八局以及102个林场全面停止长达63年的天然林商业性采伐，纳入天然林保护范围，林区经济进入全面转型阶段，林区生态环境也迎来了全面休养生息新的时期，将为大兴安岭森林生态恢复起到关键作用。

持续推进生态文明制度建设。2015年自治区党委、政府印发了《关于加快推进生态文明建设的实施意见》《关于加快生态文明制度建设和改革的意见及分工方案》，在全国率先制定《党委、政府及有关部门环境保护工作职责》，明确了党委、政府及39个部门环境保护工作职责。在自然资源资产负债表编制、领导干部自然资源资产离任审计、生态环境损害责任追究等方面开展先行先试，3个林场2014年森林资源资产负债表编制完成。2017年6月发布《内蒙古自治区生态环境保护“十三五”规划》，确定了“十三五”时期全区生态环境保护的目标及重点任务。2016年3月，自治区党委办公厅、自治区人民政府办公厅印发《党政领导干部生态环境损害责任追究实施细则（试行）》，明确84项追责行为。水资源是自治区发展的瓶颈，节水是自治区的一项重点任务，“十二五”时期，自治区制定《水资源合理利用和保护规划》，对全区水资源进行系统谋划。自治区2012年12月1日起施行《内蒙古自治区节约用水条例》，2013年10月1日起施行《内蒙古自治区地下水管理办法》，2014年9月1日起施行《内蒙古自治区水利建设市场主体信用信息管理暂行办法》，2015年10月1日起施行《内蒙古自治区水土保持条例》，把水资源开源节流作为全社会的一项重要行动。2016年农牧业节水灌溉面积由1999年的12.7万公顷发展到247.48万公顷，增加了18倍。

不折不扣执行节能减排机制。“十二五”时期，自治区实施《“十二五”节能减排规划》，2012年出台《内蒙古自治区实施〈中华人民共和国节约能源法〉办法》，推动煤炭、电力、钢铁、有色、化工、建材等重点行业和耗能大户节能，推进建筑、公共机构、交通等领域的节能，实施“九大重点节能工程”支持节能技改项目215个。全区单位工业增加值能耗累计下降31.85%，列入国家“万家企业”的679家企业累计节能1625万吨标准煤；资源综合利用水平处在全国前列；“十二五”期间，对全区640余户企业开展清洁生产审核，推进煤炭清洁综合利用，煤炭就地转化率达到35.7%。2016年1月中旬，环保部约谈内蒙古锡林郭勒草原等5个国家级自然保护区所在地的地方政府，要求坚决制止破坏自然保护区生态环境的违法违规行为。2016年7月，根据群众反映，中央环保督察组赴北方药业公司进行现场调查，发现企业存在违规填埋废菌渣问题。呼伦贝尔市市委专门召开常委扩大会议，要求责令该企业立即全面停产整顿，公司7名相关责任人被采取刑事强制措施。

二、资源环境承载力生态环境政策总体思路

（一）指导思想

以习近平新时代中国特色社会主义思想为指导，全面深入贯彻党的十九大和十九届二中、三中全会精神，深入贯彻习近平总书记系列重要讲话和治国理政新理念新思想新战略，认真贯彻习近平总书记考察内蒙古重要讲话精神，紧紧围绕自治区第十次党代会决策部署，统筹推进“五位一体”总体布局和协调推进“四个全面”战略布局，牢固树立和贯彻落实绿色发展理念，坚定不移实施主体功能区战略和制度，全面完善和建立资源环境承载能力监测预警的生态环境政策体系，推动手段完备、数据共享、实时高效、管控有力、多方协同的长效机制的建立，为高效协调可持续的国土空间开发格局构建政策保障，筑牢我国北方重要的生态安全屏障。

（二）基本原则

坚持绿色发展。树立和践行“绿水青山就是金山银山”的理念，坚持节约资源和保护环境的基本国策，像对待生命一样对待生态环境，统筹山水林田湖草系统治理，实行最严格的生态环境保护制度，形成绿色发展方式和生活方式，

坚持改革创新。全面落实国家和自治区各项生态环境保护和资源环境承载力改革措施，结合自治区生态文明建设和主体功能区规划和制度的落实，持续以改革创新推进政策体系科学化，加强体制机制建设。

坚持分类施策。根据自治区资源环境承载能力超载、临界超载、不超载三个等级划分以及红色、橙色、黄色、蓝色、绿色预警等级，按照实施差异化管理，分级分项施策，提升精细化管理水平。

坚持建管并重。完善政策体系，更要加强监管体系建设，实行自治区以下环保机构监测监察执法垂直管理制度，推进源头严防、过程严管、后果严惩，建立严格的监管预警资源环境承载能力的生态环境保护责任制度，合理划分事权，落实责任主体，动员全社会积极参与生态环境保护，形成政府、企业、公众共治的环境治理体系。

（三）建设目标

按照生态文明建设总体思路，围绕主体功能区规划和制度部署，研究建立符合中国特

色社会主义新时代，功能完备、指向明确的生态环境政策体系，全力推进自治区资源环境承载能力监测预警长效机制的建立，为自治区2020年森林覆盖率达23%，活立木蓄积量达16亿立方米，湿地保有量达9000万亩，草原植被盖度达到45%，主要污染物排放总量减少，空气和水环境质量总体改善，土壤环境保持稳定，生态系统稳定性和服务功能增强，提供科学的政策保障。

三、不同资源环境承载力地区生态环境政策选择

（一）超载地区政策选择

生态保护与建设政策选择。从内蒙古自治区资源环境承载能力生态健康度评价结果看，健康度低的26个旗县（市、区）主要集中在呼伦贝尔市、鄂尔多斯市、锡林郭勒等盟市的矿产资源开发集中区和森林、草原重点生态功能区。对鄂尔多斯市、通辽市霍林郭勒市、呼伦贝尔市扎赉诺尔区等工矿开发区相对集中的地区，要加大工业园区和矿区生态保护力度，加强矿山复垦绿化，降低矿区对周边地区生态影响力。对锡林郭勒、呼伦贝尔草原牧区和大兴安岭林区的生态超载地区，制定限期生态修复方案，实行更严格的定期精准巡查制度，对生态系统严重退化地区实行封禁管理，促进生态系统自然修复。

环境污染防治政策选择。从内蒙古自治区污染物浓度综合度评价结果看，浓度超标旗县（市、区）51个，其中大气污染物浓度超标的29个，水污染物浓度超标的24个。从分布情况看，大气污染物超标旗县（市、区）主要集中在内蒙古西部盟市，特别是呼包鄂乌四市；水污染物浓度超标旗县（市、区）中赤峰市7个、呼和浩特市4个，主要在黄河流域和西辽河流域中大城市及周边地区。对污染超载地区，率先执行排放标准的特别排放限值，规定更加严格的排污许可要求，实行新建、改建、扩建项目重点污染物排放加大减量置换，暂缓实施区域性排污权交易。对大气污染相对集中的呼包鄂乌四市短期内加大城市内部污染源整治，加大重点排污企业污染防治力度；做好工业园区中长期产业结构调整和污染防治规划，从根本上缓解大气污染。对水污染超标地区，加大监管力度，严禁超标排放。

水资源承载力政策选择。从内蒙古自治区资源环境承载能力水资源评价结果看，水资源超载的41个旗县（市、区）主要分布在内蒙古西部降水量较少地区和东部盟市所在地和工矿区。其中，用水总量指标超载旗县（市、区）23个（不含乌海市海南区，因为海南区用水总量超载，但综合评价结果不超载），地下水超载县（市、区）35个，水质不达标县（市、区）7个（包头市5个、鄂尔多斯2个）。对用水总量超载地区，暂停审批建设项目新增取水许可，制定并严格实施用水总量削减方案，对主要用水行业领域实施更严格的节水标准，退减不合理灌溉面积。对地下水超载地区，严格限制地下水开采，加大城镇地下水耗费较大的服务行业落实水资源费差别化征收政策，积极推进水资源税改革试点。对水质不达标地区加强城镇、工业园区污水排放管理，加大农村农业面源污染治理力度。

（二）临界超载地区政策选择

生态保护与建设政策选择。从内蒙古自治区资源环境承载能力生态健康度评价结果看，健康度中等的旗县（市、区）27个，其中赤峰市、通辽市、兴安盟的科尔沁沙地地区相对集中，有13个旗县（市、区）。以上地区要加密监测生态功能退化风险区域，严格实施禁牧休牧，积极推进退耕还林（草），科学实施山水林田湖系统修复治理，合理疏解人口，遏制生态系统退化趋势。同时加强白云鄂博矿区、东胜区、康巴什区等城市及工矿区周边地区生态保护建设，防止过度开发而产生生态退化现象。

环境污染防治政策选择。从内蒙古自治区污染物浓度综合度评价结果看，浓度临近超标的旗县（市、区）27个，其中大气污染物浓度临近超标的旗县（市、区）15个，水污染物浓度临近超标的旗县（市、区）7个，整体上分布较为分散，除了阿拉善盟、巴彦淖尔市外均有分布。对污染接近超载地区，加密监测敏感污染源，实施严格的排污许可管理，实行新建、改建、扩建项目重点污染物排放减量置换，采取有效措施严格防范突发区域性、系统性重大环境事件。对集宁区、海拉尔、东胜区、乌兰浩特等城市大气污染处于临近超载状态，需要提前采取防范措施，避免先污染、后治理。

水资源承载力政策选择。内蒙古十年九旱的特征，决定今后水资源短缺问题仍然会十分突出。特别是随着经济社会的发展，用水量将还会持续增加，水资源不超载地区有可能转为临界超载地区，将来对此类地区也要加大水资源管理力度，可采取暂停审批高耗水项目、严格管控用水总量、加大节水和非常规水源利用力度、优化调整产业结构等措施，避免水资源状况持续恶化。

（三）不超载地区政策选择

生态保护与建设政策选择。从内蒙古自治区资源环境承载能力生态健康度评价结果看，健康度高的旗县（市、区）50个，呼和浩特市、包头市、乌兰察布市、巴彦淖尔市31个旗县（市、区）列在其中，充分体现了内蒙古西部地区生态保护建设的成效。在生态健康度高的地区，建立生态产品价值实现机制，综合运用投资、财政、金融等政策工具，其中对重点开发区支持循环低碳工业发展，对农牧业主产区和生态重点功能区重点支持绿色农牧业发展。

环境污染防治政策选择。从内蒙古自治区污染物浓度综合度评价结果看，浓度未超标的旗县（市、区）25个，主要分布在呼伦贝尔市、兴安盟、锡林郭勒盟的草原牧区和林区。对污染物浓度未超标地区，实行新建、改建、扩建项目重点污染物排放等量置换。特别是草原、林区等地区，认真落实生态保护建设补偿、碳排放权交易等机制，要在严守生态保护红线的同时，保障当地居民生活水平的稳定提升。

水资源承载力政策选择。从内蒙古自治区资源环境承载能力水资源评价结果看，水资源承载力不超载的旗县（市、区）共62个，其中43个位于内蒙古东部五个盟市，约占水资源不超载旗县（市、区）总数的70%。但是通辽市、赤峰市、兴安盟井灌农耕区和锡林郭勒、呼伦贝尔草原地区仍然普遍存在水资源不足现象，建议各级政府对此不能盲目乐观。所以，对水资源不超载地区，也要严格控制水资源消耗总量和强度，注重水污染防治，做好水资源保护和入河排污监管工作。

四、保障措施

（一）强化评估考核

实行党政领导生态环境承载力目标责任制，严格实施《自治区党委、政府及有关部门环境保护工作职责》。盟市和旗县政府是监测预警机制的责任主体，要把生态环境保护目标、任务、措施和重点工程纳入本地区国民经济和社会发展规划，制定规划实施分工方案，明确各部门工作任务，各部门要各司其职、各负其责、密切配合，强化资源环境承载力机制实施力度。各地区尽快建立监测预警数据库和信息技术平台，及时发布监测预警信息和评价结果，为相关工程实施、政策调整以及干部调整等提供有力的依据。特别是要结合全区和各地区五年规划纲要及撞线规划的中期评估和终期考核，评估考核结果向自治区政府和相关部门报告，并作为对领导班子和领导干部综合考核评价的重要依据。

（二）强化责任追究

以《中华人民共和国环境保护法》《中华人民共和国森林法》《中华人民共和国草原法》及国家和自治区相关法律法规立法与修订为基础，完善自治区生态环境承载力方面法规、规章体系。加大执法、处罚力度，落实执法责任制，强化对执法主体的监督。初步构建责任明确、途径畅通、技术规范、保障有力、赔偿到位、修复有效的生态环境损害赔偿制度。研究建立和完善领导干部自然资源资产离任审计和生态环境损害责任终身追究等制度，组织开展自治区《开展领导干部自然资源资产离任审计试点实施方案》，严格执行自治区《党政领导干部生态环境损害责任追究实施细则（试行）》，依法依规依纪追究相关人员责任。对于红色预警区，将实施最严格管控措施，对严重破坏资源环境承载能力的企业、管理不力的政府部门负责人等责任主体进行严厉处罚。

（三）拓宽融资渠道

加大财政资金投入，按照财政管理体制和相关规定，做好生态环保经费保障。充分发挥财政资金的引导和带动作用，鼓励民间资本和社会资本对生态环保的投入，建立政府、企业、社会多元化投融资机制，拓宽融资渠道。积极争取国家林业、草原、湿地、沙漠保护和大气、水、土壤、重点生态保护治理等污染防治专项资金，建立环保基金，吸纳社会资本，破解资金约束。推进实施政府与社会资本合作（PPP），鼓励和引导银行业金融机构加大对生态环境保护与污染防治项目信贷支持力度，推行绿色信贷。完善和健全税收、收费政策。

（四）加强科技创新

加快生态环境科技创新体制的改革，构建生态环境保护技术创新与产业化发展体系，搭建生态环保科技创新平台，加强重点实验室、工程技术中心、科学观测研究站、环保智库等建设，加强技术研发推广。推动建立环保装备与服务需求信息平台、技术创新转化交易平台，引导企业与科研机构和高校院所加强合作，强化企业创新主体作用，推动环保技术研发、科技成果转移转化和推广应用。针对大气、水、土壤等问题，实施重点生态环保科技专项，重点开展典型脆弱生态修复与保护研究，火电、水泥等行业脱硫脱硝技术，VOCs控制技术，雾霾污染机理与控制技术，造纸、酒精、发酵、医药、淀粉废水深度处理，农村和农业面源污染综合防治，重金属污染治理，土壤修复，矿山生态环境综合整治等先进适用技术的研发与应用，建立一批污染治理示范工程。大力发展生态环保产业，努力打造生态环保产业核心区，鼓励推行第三方治理，发展生态环保服务总承包和生态环境治理特许经营模式，培育形成新的经济增长点。

（五）加强公众参与

完善信息公开工作机制，编制环保、林业、农牧业、水利等相关部门信息公开办法，研究制定重点地区生态信息和企业环境信息公开管理办法，加大信息公开力度。定期通报生态环境状况、重要政策措施、突发事件和企业环境信息，保障公众生态环境知情权；建立公众参与的有效渠道，利用环保热线、报纸、广播、电视等传统媒体和网络信息化平台等新兴媒体，扩大公众生态环境参与权；推进生态环境大数据共享开放，实施政府数据资源清单管理，强化公众生态环境监督权。完善24小时舆情监测制度，解决媒体和群众关注的生态环境问题，切实维护全区社会稳定和生态环境安全。完善公众参与机制，充分发挥舆论导向作用，形成政府信息公开与群众监督的社会共治体系。

（六）加强宣传教育

准确把握宣传教育是生态环境保护的核心工作定位，全面加大生态环保宣传教育力度，提高全社会生态环境保护意识。建立新闻发布机制，建设新媒体矩阵，充分发挥传统媒体和新媒体作用，营造公众参与氛围。加强生态文化理论研究，鼓励生态文化作品创作。组织生态环境保护公益活动，丰富生态环境保护宣传产品。抓好生态环境教育等各类培训，推进环境友好学校、环境教育基地等示范创建活动。加强环保社会组织、环保志愿者的能力培训，引导培育环保社会组织专业化成长。加强宣教能力建设，整合宣教资源、加强队伍建设，提高宣教工作专业化水平。地方各级人民政府、教育主管部门和新闻媒体要依法履行生态环境保护宣传教育责任，把生态环境保护和生态文明建设作为践行社会主义核心价值观的重要内容，实施全民生态环境保护宣传教育行动计划。引导抵制和谴责过度消费、奢侈消费、浪费资源能源等行为，倡导勤俭节约、绿色低碳、文明健康的生活方式和消费模式，形成崇尚生态文明、共促绿色发展的社会风尚。

专题 5

内蒙古资源环境承载力土地政策研究

一、资源环境承载力土地政策研究必要性

（一）研究背景

我国国民经济“十三五”规划纲要明确要求各地要根据资源环境承载力调节城市规模，实行绿色规划、设计、施工标准，实施生态廊道建设和生态系统修复工程，建设绿色城市。同时根据不同主体功能区定位要求，健全差别化的财政、产业、投资、人口流动、土地、资源开发、环境保护等政策，实行分类考核的绩效评价办法。为深入贯彻落实党中央、国务院关于深化生态文明体制改革的战略部署，推动实现资源环境承载能力监测预警规范化、常态化、制度化，引导和约束各地严格按照资源环境承载能力谋划经济社会发展，2017 年 9 月中办、国办印发了《关于建立资源环境承载能力监测预警长效机制的若干意见》，将资源环境承载能力分为超载、临界超载、不超载三个等级。对土地资源超载地区，原则上不新增建设用地指标，实行城镇建设用地零增长，严格控制各类新城新区和开发区设立，对耕地、草原资源超载地区，研究实施轮作休耕、禁牧休牧制度，禁止耕地、草原非农非牧使用，大幅降低耕地施药施肥强度和畜禽粪污排放强度；对临界超载地区，严格管控建设用地总量，逐步提高存量土地供应比例，用地指标向基础设施和公益项目倾斜，严格限制耕地、草原非农非牧使用；对不超载地区，鼓励存量建设用地供应，巩固和提升耕地质量，实施草畜平衡制度。

2016 年 4 月印发的《国土资源“十三五”规划纲要》指明要以主体功能区规划为基础，以土地利用总体规划为底盘，以资源环境承载力、建设用地总量强度“双控”和耕地保护红线、生态保护红线、城市开发边界“三线”为基本约束，推动实现一个市县一本规划、一张蓝图。

《内蒙古自治区主体功能区规划》的颁布为实施土地差别化政策提供了重要平台，有利于土地利用方式的转变，以更好的发挥土地在转变经济发展方式中的作用。土地是一切空间开发活动的载体，国土空间格局的形成和优化，最终要通过土地利用方式来体现。土地开发合理与否，直接关系到推进主体功能区的成败，而土地资源承载力政策将扮演关键角色。

内蒙古面对错综复杂的经济形势和繁重艰巨的改革发展稳定任务，在党中央的坚强领导下，内蒙古自治区党委团结带领全区各族人民，全面贯彻党的十八大和十八届三中、四中、五中、六中全会精神，深入贯彻习近平总书记系列重要讲话精神和治国理政新理念新思想新战略，深入贯彻习近平总书记考察内蒙古重要讲话精神，统筹推进“五位一体”总体布局，协调推进“四个全面”战略布局，攻坚克难、扎实工作，胜利完成“十二五”规划，顺利实施“十三五”规划，各方面工作都取得了新进展、新成就。特别是在第十次党代会召开后，将全面加强生态文明建设作为内蒙古的一项重要任务，绿色是内蒙古的底色和价值，生态是内蒙古的责任和潜力。这些都对全区土地利用结构和布局调整策略提出了

新的更高的要求，尤其是在土地资源承载力监测预警方面，需要强有力的土地政策保障。在主体功能区规划基础上，结合资源环境承载力预测等级，积极实施差别化的土地资源承载力政策，将有力推动落实内蒙古打造祖国亮丽北疆风景线、生态文明战略以及内蒙古主体功能区规划的顺利实施。

（二）目的和意义

1. 研究目的

为深入贯彻落实党中央、国务院关于深化生态文明体制改革的战略部署，推动实现资源环境承载能力监测预警规范化、常态化、制度化，引导和约束各地严格按照资源环境承载能力谋划经济社会发展，本专题紧紧围绕内蒙古自治区第十次党代会决策部署，根据内蒙古深化生态文明体制改革的战略部署和主体功能区规划布局，结合内蒙古资源环境承载力特点，开展内蒙古土地资源承载力差别化政策研究，旨在推进和建立内蒙古资源环境承载能力监测预警的“1个机制、7项配套政策”体系，推动主体功能区规划的顺利实施。

2. 研究意义

基于主体功能区规划和内蒙古生态文明战略基础上的差别化资源环境承载力土地政策研究，是调整产业结构的一个重要方面，是编制国民经济发展规划、加强土地管理、合理利用土地、保证土地的可持续利用的必然途径。通过不同承载能力级别下差别化土地政策的研究，建立有效的区域土地管控规则，对推进经济、社会资源的协调发展具有长远意义。

（1）有利于推动主体功能区规划的实施，筑牢北方生态安全屏障

不同国土空间的主体功能不同，其集聚的人口和经济的规模也不同，由此产生了具有差异化的经济发展方式。而不同规模下的经济发展方式，对土地的资源承载力也提出了不同的要求。党的十八大后，生态文明建设被纳入到“五位一体”总体建设布局当中，生态建设被赋予和经济建设、社会建设等同等重要的地位。所以，一定的国土空间，不仅要承载社会经济发展，还要承载生态建设。而主体功能区规划，正是强调从资源环境承载力出发，来认识和界定某一国土空间所提供的主要产品、主体产品或主导产品，并且基于此进行主体功能区划分，开展国土空间开发利用活动。因此，差别化资源环境承载力下的土地政策，对主体功能区规划的实施有着重要的推动作用。在主体功能区规划的基础之上，结合资源环境承载力预测等级，积极实施差别化土地资源承载力政策，将有力推动落实内蒙古打造祖国亮丽北疆风景线、生态文明战略与主体功能区的顺利实施。

（2）有利于实现因地制宜，合理配置资源和产业结构

人类对土地资源的开发利用活动必然是在一个个具体的区域上进行，土地利用区域的客观存在、形成过程及特征决定了土地资源的分区配置要依据区域产业结构需要进行划分。尤其在当前我国土地供需矛盾尖锐、人口与资源环境协调发展问题突出、区域间差异日益增大的情况下，根据土地利用自然、经济、社会差异，通过差别化的资源承载力来制定土地利用政策、调整土地利用结构、引导土地合理利用，对于统筹区域之间、社会经济

与生态环境之间的协调发展，解决资源环境矛盾，最终实现社会经济的可持续发展，具有重大意义。内蒙古自治区是我国最重要的牧业和林业基地，又为我国北部重要农区之一。全区土地利用类型在空间分布上突出表现为带状分布规律。大兴安岭—阴山山地是内蒙古农林牧业的天然分界线。大兴安岭与阴山山地为林业用地区；山地南侧为农牧林交错分布区，山地西部用地类型简单，为广阔的牧业用地区；嫩江右岸平原、西辽河平原与河套—土默川平原，地形平坦，水源充沛，是农耕地集中分布区。同时表现出农林、农牧、林牧、农林牧等多种用地类型交错的特点，是我国北方农牧林交错带的重要组成部分。由于地貌类型的局部差异，土地利用又呈现出次一级的带状分布规律，土地利用地域性差异明显。土地利用类型繁多，加之城乡利用的单一性及用地结构的不合理，最终导致全区总体的土地集约利用水平较低。因此，根据不同区域资源环境承载力，制定差别化的土地政策，遵循"因地制宜"原则，能够更好的协调土地利用与生态建设的关系，优化土地资源配置与布局，加强生态建设与环境保护，构筑中国北方重要生态屏障。

(3) 有利于服务土地利用总体规划

在主体功能区规划及内蒙古生态文明战略基础上对各区域资源环境承载力进行研究，提出区域土地利用方向，实行有差别的政策和管制措施，是服务内蒙古土地利用总体规划的根本要求。土地利用总体规划修编及前期工作中，深入研究区域资源环境承载能力，分析不同区域的功能定位、发展方向，提出分区的土地利用调控指标和管制措施，实行差别化管理，对促进区域发展战略及其有效实施、实现区域协调发展具有重要意义。

二、资源环境承载力土地政策概述

(一) 内蒙古土地资源利用现状概况

1. 土地利用现状

2015年底，内蒙古土地利用变更调查数据显示，全区土地总面积115.45万平方公里，占全国土地总面积的12.03%。其中农用地8140.41万公顷，建设用地161.50万公顷，未利用地3243.61万公顷，分别占全区土地总面积的70.51%、1.40%和28.09%。

农用地中，耕地、园地、林地、草地、其他农用地分别占农用地面积的11.25%、0.07%、26.81%、60.87%、1.00%；建设用地中，村庄用地占46.74%、水利设施用地占4.24%、城镇用地占28.89%、特殊用地和风景名胜占1.96%、交通运输用地占13.07%、采矿用地占10.10%；未利用地中，其他草地、盐碱地、沙地、裸地分别占未利用地面积的29.32%、2.90%、29.10%、25.96%。

2009—2015年，建设用地占全区土地总面积的比例由1.26%提高到1.4%，增加了0.14个百分点。建设用地内部城镇工矿用地占比由30.97%增长到33.99%，农村居民点用地占比由51.01%降低到46.74%。2015年国土资源公报数据显示，全国建设用地占国土总面积的4.01%，内蒙古的土地建设利用率尚未达到这一平均水平。

内蒙古自治区2015年土地利用类型结构表 **表5-1**

地类	编码	面积(公顷)	比例(%)
耕地	01	9160781.80	7.93
园地	02	56530.36	0.05
林地	03	21822903.00	18.90
草地	04	59058065.00	51.15
城镇村及工矿用地	20	1335421.40	1.16
交通运输用地	10	581079.36	0.50
水域及水利设施用地	11	3922492.70	3.40
其他土地	12	19517925.00	16.91

从表5-1可以看出，由于历史、自然条件、民族习俗及国家政策定位（国家北方生态防线建设）等原因，内蒙古土地利用结构仍以草地为主，占全区土地总面积的51.15%。保护草地资源，既保障了畜牧业经济的发展，更是国家北方生态防线建设的必然选择。

2. 土地资源利用特点

土地资源总量丰富，人均占有量较大。2015年全区人均可使用的土地资源面积为4.59公顷，较之全国要高出6.3倍；人均草地资源占有量为1.97公顷，是全国平均水平的12.4倍；人均耕地面积0.36公顷，是全国平均水平的4.5倍。

土地利用宏观成带性及农牧林交错与互补性。内蒙古土地利用类型在空间分布上突出表现为带状分布规律。大兴安岭—阴山山地是内蒙古农牧林业的自然分界线，该地多发展林业；而该线以南则多为农林牧业，它们彼此交错分布，该线以北多发展牧业；而在西辽河平原、嫩江右岸平原、河套—土默川平原等地区，由于水源充足、地形平坦，因而多开辟为耕地。另外，因为不同的地貌在某些局部表现上会呈现较大差异，所以土地利用在分布上往往具有次一级的带状特点，呈现显著的地域性特征，在分布上同当地的土地适宜度、自然环境、人们长久的经济活动紧密相连。而且，该区域内种植业、林业、牧业在用地区域分布上具有明显的过渡带，即农林牧交错地区。全区农牧林之间具有相互依赖、补充性，即农业可以保证畜牧业稳定发展，林业不仅可以提供各种林副产品的原材料，而且还以其极佳的生态环境为畜牧业和农耕业的发展奠定了基础。

土地利用地区差异性显著。内蒙古自治区位于北半球中纬度地带，地处内陆地区，地形类型为高原，东西跨越5个自然带，地貌分异明显，自然条件复杂多样，区域差异较大，致使土地利用方式、土地利用结构及土地利用程度均存在鲜明的地区性特点。锡林郭勒盟以草地占优势，呼伦贝尔市林地比例较高，阿拉善盟沙地、裸地面积广大。嫩江右岸平原、西辽河平原与河套—土默川平原地区为农耕集中分布区，亦是人口聚集区，土地利用程度较高；相对自然条件恶劣的沙漠、荒漠地区，人口稀少，土地利用程度较低。

土地利用的原始性和开发潜力大。内蒙古自治区农用地面积81.40万平方公里，土地农业利用率达70.51%，未利用地占土地总面积的28.1%，显示地区土地利用的原始特性与具有开发潜力但尚未开发的土地资源在数量上呈现显著优势，盐碱地、荒草地、沙地十分普遍，分布广泛、数量丰富，无论地形、水源还是日照时间都十分理想，这些条件满足耕地与建设后备资源的开发和使用，有利于丰富内蒙古当地的耕地及建设用地。

土地利用结构优化升级潜力巨大。目前，全区农用地、建设用地、未利用地之间比率约为 50∶1∶20，农用地占主导地位。农用地内部结构中草地占较大比重，耕地分布相对较集中，辽阔的牧区以及耕地与牧业交错地带林地较少，这表现出该地在土地利用问题上还存在结构不完善与单一性的缺陷。就建设用地而言，城市和乡村的结构不够完善，没有实现集约化发展。首先，大部分城镇规模较小，用地的布局与结构都存在问题，利用效率十分低下；其次，农村地区用地布局呈现零散、数量丰富的特点，居民的生活环境较差，平均每人的用地量严重超标。同时，受到地域、自然环境、历史等原因影响，全区交通、水利等基础设施占地比例低；在独立工矿用地中，亦存在部分企业规模偏小、分布过散、土地产出效益较差等现象。出于保护当地土地生态系统的稳定、改善土地利用效益与效率、切实保障土地可持续使用的考虑，在今后土地资源配置中应高度重视土地利用结构优化升级。

（二）土地资源承载力政策梳理

1. 国家土地资源承载力政策梳理

从中央层面来看，2017 年国务院出台了《关于建立资源环境承载能力监测预警长效机制的若干意见》，强调建设监测预警数据库和信息技术平台、建立一体化监测预警评价机制、进行资源环境承载力等级划分、建立监测预警评价结论统筹应用机制、建立政府与社会协同监督机制。这是指导资源环境承载能力监测和预警的纲领性文件，起到了规范和引导的作用。此外，在相关产业发展方面，中央文件也涉及资源承载力问题，比如在《关于创新体制机制推进农业绿色发展的意见》中就提到全面建立以绿色生态为导向的制度体系，基本形成与资源环境承载力相匹配、与生产生活生态相协调的农业发展格局，重点强化耕地、草原、渔业水域、湿地等用途管控，严控围湖造田、滥垦滥占草原等不合理开发建设活动对资源环境的破坏。

从各部委层面来看，国土资源部以土地统筹管控和综合整治利用增强资源环境承载能力为出发点，着力推动可持续发展。在《全国土地利用总体规划纲要 2006—2020》中明确指出：根据资源环境承载能力、土地利用现状和开发潜力，统筹考虑未来我国人口分布、经济产业布局和国土开发格局，按照不同主体功能区的功能定位和发展方向，实施差别化的土地利用政策。在《国土资源部关于推进土地节约集约利用的指导意见》中提到要结合永久基本农田和生态保护红线的划定，保留连片优质农田和菜地，作为城市绿心、绿带，发挥耕地的生产、生态和景观等多重功能。

农业部在指导农田、草原利用时，也针对土地资源生态承载力提出了具体要求。在《全国农业可持续发展规划（2015—2030 年）》中提出坚持生产发展与资源环境承载力相匹配。坚守耕地红线、水资源红线和生态保护红线，优化农业生产力布局，提高规模化集约化水平，确保国家粮食安全和主要农产品有效供给；全面落实草原生态保护补助奖励机制，推进退牧还草、京津风沙源治理和草原防灾减灾，强化草原自然保护区建设；针对水生态系统，要采取流域内节水、适度引水和调水、利用再生水等措施，增加重要湿地和河湖生态水量，实现河湖生态修复与综合治理。在《国家农业可持续发展试验示范区建设方案（2016年）》中提出，坚持节约资源和保护环境的基本国策，综合考虑各地资源环境承载力、生态类型和农业发展基础条件，探索农业生产与资源环境保护协调发展的有效途径，治理当前农业农村环境突出问题，形成可复制、可推广的技术路径与运行机制。

住房和城乡建设部在土地资源建设规模承载力方面出台的《住房建设城乡科技创新“十三五”专项规划（2017）》，明确要求加强城市资源环境承载力、生态安全、开发强度及开发绩效评估技术研究，支撑城市生态控制线和开发边界的科学划定，构建平衡适宜、可持续的城乡空间格局。国家林业局在《全国森林等自然资源旅游发展规划纲要（2013—2020年）》中要求要始终坚持“保护优先，适度开发”原则，在保护好、培育好森林、湿地、野生动植物等自然资源的前提下，把开发活动严格控制在生态承载力范围以内，把对森林等自然资源和生态环境的影响减小到最低程度。

2. 各省土地资源承载力政策梳理

由于各省实际情况不同，采取的政策也千差万别。因此本项目只研究较为典型与可借鉴的几个省份的土地资源承载力政策进行梳理。

（1）陕西省

陕西省地处我国内陆腹地，是进入大西北的门户，与内蒙古接壤，具有承东启西的作用，主体功能区规划有值得内蒙古学习的地方。例如，《陕西省人民政府关于编制全省主体功能区规划的实施意见》要求，一是根据不同主体功能区的环境承载能力，提出分类管理的环境保护政策。重点开发区域要保持环境承载能力，做到增产减污；限制开发区域要坚持保护优先，确保生态功能的恢复和保育；禁止开发区域要依法严格保护。二是按照主体功能区的有关要求，依据土地利用总体规划，实行差别化的土地利用政策，确保现有耕地数量不减少、质量不下降。对优化开发区域实行更严格的建设用地增量控制，适当扩大重点开发区域建设用地供给，严格对限制开发区域和禁止开发区域的土地用途管制，依法严禁改变生态用地用途，加大耕地保护执法力度。

（2）湖北省

湖北省是我国首个国土资源节约集约示范省，其相关政策对内蒙古也具有一定借鉴意义。2012年，湖北省人民政府关于印发《湖北省主体功能区规划》的通知，提出重点开发区域应积极优化国土开发空间结构，大力推进新型工业化和城镇化，高效集聚人口和产业。限制开发区域应发挥地域优势，发展特色产业，提供高质量、高附加值的农产品和生态产品，促进区域经济发展。同时，各级财政也应加大对限制开发区域的转移支付，在重点开发区域开展向限制开发区域横向转移支付试点，促进基本公共服务均等化。

（3）浙江省

浙江省在资源环境承载力和生态环境保护方面结合的很好，政策落实到位。2016年，浙江省人民政府办公厅印发关于《生态环境保护“十三五”规划》的通知，特别提出实施生态环境保护建设工程。内容包括严格落实全省主体功能区规划和环境功能区划要求，规范各类开发建设活动。建立生态保护红线体系，划定生态保护红线，建立生态保护红线清单，切实加强红线区内自然生态环境和生态功能的原真性、完整性保护，实施红线区生态环境现状及其变化动态监管，确保空间面积不减少、生态功能不降低、用地性质不改变、资源使用不超限。开展生物多样性保护优先区域保护工作，编制实施优先区域保护规划，开展全省生物物种资源调查，建立生物多样性、生物物种资源信息管理系统和信息共享平台，建立生物多样性监测与预警体系，构建生物多样性观测站网，加强外来入侵物种防控，定期编制并发布生物多样性监测与评估报告，形成以自然保护区、风景名胜区、森林公园、湿地保护区、湿地公园、海洋特别保护区等为节点的全省生物多样性保护网络。加快绿色屏障建设，深入推进“森林浙江”和浙江特色国家公园建设，全面加强平原绿化美化和珍贵彩色森林建设，提升森林生态系统功能。

由于各省的实际情况不同，其制定差别化资源环境承载力政策的出发点也不尽一致，以上仅借鉴三个省份的具体政策措施。

3. 内蒙古土地资源承载力政策梳理

《内蒙古自治区人民政府关于自治区主体功能区规划的实施意见》（内政发〔2015〕18号）：一是重点开发区域旗县（市、区）拟启动建设符合主体功能定位的矿产资源开采加工、火电、化工、冶金、有色、装备制造等重大项目，必须开展环境影响评价，符合资源环境承载能力。二是其他重点开发的城镇和重点生态功能区点状开发的城镇拟启动建设矿产资源开采加工、火电、化工、冶金、有色等重大项目，实行更加严格的环境标准，相关项目必须符合相应领域的专项规划，必须开展环境影响评价和社会稳定风险等评估，不得损害生态系统的稳定性和完整性。三是限制开发区域旗县（市、区）发展旅游、农林牧产品生产和加工、先进制造业等适宜产业项目，必须符合相应领域的专项规划，必须开展环境影响评价，不得对生态环境造成负面影响。四是各类主体功能区根据项目审批权限，属于自治区、盟市、旗县（市、区）权限审批、核准、备案的项目，除严格依据主体功能定位和国家、内蒙古产业准入条件外，还须征求同级主体功能区主管部门意见后，方可予以审批、核准、备案；属于国家权限审批、核准、备案的项目，按照相关要求做好配合工作。

《内蒙古自治区人民政府关于内蒙古自治区土地整治规划（2016—2020年）的批复》（内政字〔2017〕205号）实施坚守耕地红线，藏粮于地、藏粮于技战略，提高粮食产能，健全保障国家粮食安全、促进农业可持续发展和农民持续增收的体制机制，围绕落实最严格的耕地保护制度和节约集约用地制度，大力推进高标准农田建设，强化水资源保障与生态环境保护体系建设，按照以水定地的新思路，体现生态承载力的新理念，严守生态红线。同时，推进旱耕地整治，探索土地整治的新模式；以促进新农村建设和新型城镇化发展为导向，结合内蒙古“扶贫攻坚”和“精准扶贫”工程，全面推进城乡散乱、闲置低效建设用地整治；以改善生态环境为根本要求，加大废弃、退化、污染、损毁农田的改良，促进土地资源利用效率进一步提升。

《内蒙古自治区人民政府办公厅关于印发〈内蒙古自治区农牧业现代化第十三个五年发展规划〉的通知》（内政办发〔2017〕10号）。坚持发展保护同步，以资源环境承载力为基准，充分利用耕地、草地等资源，发挥水源涵养、土壤保护、水质净化等功能，促进山水田林湖生态系统休养生息，维护自然生态平衡。同时还要加强草原生态保护和建设。继续推行草畜平衡、禁牧休牧制度。落实好草原补奖机制，积极探索禁牧草原恢复后科学合理适度利用机制，出台具有前瞻性和指导性的实施意见。做好退牧还草、京津风沙源治理、已垦草原治理等重点生态建设工程的组织实施工作。以高产优质苜蓿示范工程、草牧业发展试点工程、草原补奖后续产业发展为抓手，大力发展人工草地建设。为全区农牧业经济的可持续发展提供坚实的资源环境保障。

《内蒙古自治区人民政府关于全面推进土地资源节约集约利用的指导意见》（内政发〔2016〕146号）。以改善生态环境为出发点，坚持因地制宜、综合治理和生态效益、经济效益、社会效益相统一，推进工矿废弃地复垦利用，提高土地资源的综合承载能力。有条件的地区要积极申请历史遗留工矿废弃地复垦利用国家试点，加强对历史遗留工矿废弃地（包括交通、水利等基础设施废弃地）的复垦利用，在治理改善生态环境的基础上，与新增建设用地相挂钩，合理调整建设用地布局。统筹推进工矿废弃地复垦与矿山环境恢复治理、绿色矿业发展示范区建设、土地整治等工作，发挥政策组合效应。

《内蒙古自治区人民政府办公厅关于印发〈自治区能源发展“十三五”规划〉的通知》（内政办发〔2017〕115号）。一是强化要素资源配置。提高水资源配置效率和使用效率，加快水权交易制度建设，有序开展水权转换，为新增项目提供可靠水源，推动水资源向高效率、高效益行业流转。利用政府性资金，拓宽市场融资规模，大规模实施节水改造、重点水库建设。进一步推进水价改革，形成节约用水政策体系。加强土地节约集约利用，积极盘活存量建设用地，加大工矿废弃地复垦利用和闲置土地的处置力度，鼓励合理使用未利用土地，严格执行项目建设用地标准及政策，实现土地资源的高效配置。二是严格环境管理制度。严格执行固定资产投资项目节能评估和审查制度，遏制高耗能、高排放行业过快增长，从源头上控制能耗增量。建立完善新建项目能源消费等量或减量置换措施，进一步加大淘汰落后产能力度，着力削减能耗存量。积极探索排污权交易、碳排放权交易。

《内蒙古草原生态保护补助奖励机制实施方案》（内政办发〔2011〕54号）。按照草场退化沙化程度和草场生态承载能力，科学规划禁牧区和草畜平衡区，设计不同的禁牧模式和草畜平衡模式，供农牧民自主选择。突出基本草原保护为重点，禁牧工作循序渐进，积极稳妥。据2009—2010年内蒙古草原普查的基础数据，结合草原生态的现状、自然环境的好坏、草原的载畜能力及再生能力等客观因素，在2010年各盟市禁牧、草畜平衡工作进展基础上，科学确定禁牧区和草畜平衡区。

《内蒙古自治区人民政府关于划分水土流失重点预防区和重点治理区的通告》（内政发〔2016〕44号）。根据《中华人民共和国水土保持法》和《内蒙古自治区水土保持条例》等有关规定，为有效预防和治理水土流失，保护和合理利用水土资源，改善生态环境，促进生态文明建设和经济社会可持续发展，将水土流失重点预防区（共计8个，其中国家级

5个，包括：大小兴安岭、呼伦贝尔、燕山、阴山北麓、祁连山-黑河；自治区级3个，包括：西辽河、阴山北麓-河套平原、阿拉善高原）和重点治理区（共计7个，其中国家级4个，包括：大兴安岭东麓、西辽河大凌河中上游、永定河上游、黄河多沙粗沙区；自治区级3个，包括：西辽河、阴山东南部、黄河）进行划分。为开展以小流域为单元的综合治理、改善生态环境和生产条件，鼓励单位和个人参与水土流失治理，加强管护、巩固治理成果起到重要作用。

4. 内蒙古土地资源承载力政策评述

（1）土地资源承载力政策和制度的优越性

内蒙古现行的土地政策是长期以来的演变结果，符合区情和现阶段的生产力发展现状，与其他省份制度相比而言，具有很大的优势。例如，内蒙古是典型的西部生态脆弱区，草地和沙地所占面积比例均较大，因此，内蒙古出台的有关未利用保护性开发、草原资源轮牧休牧、退耕还林等政策制度都起到了很好的土地资源承载力管控作用，在全国土地政策领域也具有很好示范效果。

内蒙古是全国后备耕地资源大省，耕地保护、耕地质量提升政策为土地资源承载力的提高作出了突出贡献。例如，自2001年开展土地整治以来，截至2014年内蒙古自治区累计投入资金134.45亿元，先后安排实施项目1027个，建设规模1110.01万亩，覆盖了全区95%以上的旗县，覆盖了几乎所有农作区。自2013年以来，内蒙古新增耕地达98.05万亩，灌溉用水量大幅降低，节水率达到30%，粮食生产能力平均提高20%以上，亩产量平均提高100公斤以上，人均收入增加了748.33元，取得了“节水、治地、富民”的实效。

（2）土地资源承载力政策存在的问题及未来的趋势

政策制定碎片化，缺乏系统性。多年来，对土地资源承载力方面的政策、法规多见诸各部门、各行业的政策、标准内，缺乏对土地承载力的系统研究成果，即使有成果也是各家之言，科学性、合理性值得商榷。由此导致管理部门在制定土地政策时无从下手，没有标准可依，制定出的政策缺乏系统性。因此，政府未来要着手统一各行业、各部门关于土地资源承载力政策、制定专项政策及技术标准，成立专门执行与监督工作领导小组，在一个框架内制定适应不同盟市、旗县的差别化土地利用政策。

政策运行机制不完善导致效果出现偏差。土地资源承载力政策的有效实施，需要政策制定、执行、监控形成既相互融合又相互独立的运作机制。而内蒙古一直以来的政策在制定、执行机制及监督机制上都存在许多欠缺，从而决定了土地资源承载力政策的制定较为空泛，执行不力，监督软弱。主要表现就是没有建立起经常性的土地资源承载力评价，从而没有起到监督地方执行者的作用。未来政府须建立和完善行之有效的政策执行监控制度，即风险预警机制和责任追究制度，以推动政策得以有效执行。

政策经常变更，缺乏稳定性和连续性。原有政策文件，地方执行者尚未来得及贯彻执行，又有新的文件下发，从而对政策的权威性和可信度的建立产生了十分不利的影响。未来政府要建立政策执行的反馈机制和评估机制。政策在执行过程中的各种“表现”和执行后的具体“反应”需要通过反馈机制“收”回来进行科学的评估，这样，才能对政策在执行中出现的偏差进行及时、科学的调适，从而减少或避免政策阻滞的风险。

三、不同土地资源承载能力范围下差别化政策总结思路

（一）指导思想

深入贯彻中国共产党第十九次代表大会关于树立和践行“绿水青山就是金山银山”的理念，坚持节约资源和保护环境的基本国策，像对待生命一样对待生态环境，统筹山水林田湖草系统治理，实行最严格的生态环境保护制度，形成绿色发展方式和生活方式，坚定走生产发展、生活富裕、生态良好的文明发展道路，建设美丽中国，为人民创造良好生产生活环境，为全球生态安全作出贡献。紧紧围绕内蒙古第十次党代会决策部署，根据内蒙古深化生态文明体制改革的战略部署和主体功能区规划布局，结合内蒙古资源环境承载力评价结果，开展有针对性的政策研究，有效规范空间开发秩序，合理控制空间开发强度，切实将各类开发活动限制在资源环境承载能力之内，为构建内蒙古高效协调可持续的国土空间开发格局奠定坚实基础。

（二）目标

1. 总体目标

根据2020年全面建成小康社会的总体要求和“十三五”规划的目标任务，以及十九大报告中“建设生态文明是中华民族永续发展的千年大计”的思想，结合全区资源环境承载能力评价结果、重点区域和试点地区资源环境承载能力评价和监测预警工作成果，提出不同承载能力级别下国土空间开发与保护的政策导向，以及限制性措施的建议，加强国土空间开发管制和提升保护水平。

2. 各承载能力范围（级别）目标

超载区原则上不新增建设用地指标，实行城镇建设用地零增长，严格控制各类新城新区和开发区设立，对耕地、草原资源超载地区，研究实施轮作休耕、禁牧休牧制度，禁止耕地、草原非农非牧使用，大幅降低耕地施药施肥强度和畜禽粪污排放强度。

临界超载地区，实现对建设用地总量的控制，逐步消化存量用地，政策适度向基础设施、公益项目倾斜。加大对耕地、牧草地的非农用途的管制力度。

不超载地区，达到鼓励存量建设用地供应，巩固和提升耕地质量，实施草畜平衡制度的效果。

（三）基本政策取向

资源环境承载能力分为超载、临界超载、不超载三个等级，根据资源环境耗损加剧与趋缓程度，进一步将超载等级分为红色和橙色两个预警等级、临界超载等级分为黄色和蓝色两个预警等级、不超载等级确定为绿色无警等级，预警等级从高到低依次为红色、橙色、黄色、蓝色、绿色。本研究专题从土地资源的角度出发，综合考虑时间、空间以及承载力的循环发展等维度，以服务本地区国民经济社会发展为主要目标，分类考虑各个承载

能力级别下的政策导向。

1. 政策适用范围界定

对从临界超载恶化为超载的地区，参照红色预警区政策执行；对从不超载恶化为临界超载的地区，参照超载地区土地资源管控政策执行，必要时可参照红色预警区政策执行；对从超载转变为临界超载或者从临界超载转变为不超载的地区，制定不同程度的奖励性政策。

2. 超载区域政策分析

对红色预警区，针对超载因素实施最严格的区域限批，依法暂停办理相关行业领域新建、改建、扩建项目审批手续，明确导致超载产业退出的时间表，实行城镇建设用地减量化；对现有严重破坏资源环境承载能力、违法排污破坏生态资源的企业，依法限制生产、停产整顿，并依法依规采取罚款、责令停业、关闭以及将相关责任人行政拘留等措施从严惩处，构成犯罪的依法追究刑事责任；对监管不力的政府部门负责人及相关责任人，根据情节轻重实施行政处分直至追究刑事责任；对在生态环境和资源方面造成严重破坏负有责任的干部，不得提拔使用或者转任重要职务，视情况给予诫勉、责令公开道歉、组织处理或者党纪政纪处分；当地政府要根据超载因素制定系统性减缓超载程度的行动方案，限期退出红色预警区。

3. 临界超载区域政策分析

对临界超载区域，制定相应政策控制建设用地总量，加大闲置土地的处置，用地指标政策可适度向基础设施、公益项目倾斜，完善耕地、草原非农、非牧使用的政策处罚条例。

4. 不超载区域政策分析

对绿色无警区域，研究建立生态保护补偿机制和发展权补偿制度，鼓励符合主体功能定位的适宜产业发展，加大绿色金融倾斜力度，提高领导干部生态文明建设目标评价考核权重。

四、不同土地资源承载能力范围下的差别化政策分析

（一）超载地区（红色和橙色两个预警等级）各项政策分析

1. 超载区基本概况（表5-2）

超载区基本情况表 **表5-2**

序号	盟市名称	旗县名称	常住人口(万人)
1	呼和浩特	清水河县	10.9
2	乌海	海南区	9.9
3	乌海	乌达区	13.6
4	乌海	海勃湾区	31.1
5	通辽	霍林郭勒市	10
6	乌兰察布	凉城县	18.9

2. 超载区在主体功能区中的定位（表 5-3）

超载区在主体功能区中的定位 **表 5-3**

序号	盟市名称	旗县名称	主体功能定位	等级
1	呼和浩特	清水河县	限制开发区——重点生态功能区	国家
2	乌海	海南区	重点开发区	区级
3	乌海	乌达区	重点开发区	区级
4	乌海	海勃湾区	重点开发区	区级
5	通辽	霍林郭勒市	重点开发区	国家
6	乌兰察布	凉城县	限制开发区——农业主产区	国家

3. 超载地区土地资源利用特点

（1）耕地连年锐减

根据资源环境承载力预测结果发现，在资源环境承载力超载的地区都出现了耕地减少的趋势。耕地连年锐减一方面是由于退耕还林（草）的政策导向所引起的，同时也是因农业结构调整和城市化建设占用耕地所致。随着人口的不断增加和经济的进一步发展，粮食安全受到影响，人地矛盾将更趋严峻。

（2）过度利用和低效利用并存

超载地区在一些水肥条件较好的平原地带耕地集约化利用程度较高，部分耕地因过度利用导致地力下降；而在水肥条件较差的山区和丘陵区耕地、林地、草地经营利用则较为粗放，产出低而不稳定。由于宏观总体规划和调控不足，土地利用中存在乡村居民宅基地留用过多，盲目发展乡镇企业、乱占滥用耕地，陡坡耕垦、加重水土流失、地力下降后弃耕撂荒又造成土地资源浪费以及城市垃圾占用郊区耕地造成土地污染等问题。

（3）土地利用结构和布局不合理

超载地区的土地利用结构不合理，首先表现为不顾自然条件对农业生产的限制，盲目开垦土地，毁草毁林。同时，种植业内部结构也不尽合理，由于农业可用水资源紧缺，因此要首先考虑将耕地用于种植需水量相对较小的粮食作物，使得水资源的边际效应得到充分的发挥。

土地利用布局不合理主要表现在耕地资源的分布上。从土地的适宜性角度来说，耕地可以分布在光照和水分条件较好的地势平坦的河流阶地及河谷台地，而不应该集中分布在地形坡度较大、海拔较高的山地，特别是河流上游，开垦耕地会导致流域水土流失加剧。

（4）建设用地迅速扩张，土地利用结构不尽合理

近年来随着旗县经济的快速发展，建设用地面积迅速增加，大量占用优质耕地，同时，非农业建设占用耕地量也较大，致使耕地面积减少，基本农田保护形势严峻。

4. 差别化的土地资源承载力政策建议

（1）对于超载地区中重点开发区域的政策建议

对于超载地区内的国家级和区级重点开发区域，经济发展的目标和土地承载力的压力

之间冲突尤为严重，如何协调二者的矛盾，也是亟待解决的问题。建议在集约节约利用存量建设用地的基础上，遏制土地的过度开发，坚持耕地占补平衡政策。

对于呼包鄂城市圈中的国家级重点开发区，首先在政策实施层面完善土地确权颁证工作，清查区域内的农地耕地基本农田。其次县级以上人民政府落实耕地保护目标责任制，完善基本农田保护的基础工作，逐村设立基本农田保护标志牌。土地行政主管部门落实土地监察职责，对所辖区域内的违法土地利用行为依法进行处理。

对于东部地区的重点开发区，经济开发过程中水资源的锐减是不可忽视的问题。首先应加强节约水资源的宣传教育工作，在采用召开听证会等采纳民意的形式基础上适当提高水价。其次充分发挥水资源的约束性引导作用，不断提高重点领域的节水水平，尤其是锡林郭勒盟、呼伦贝尔市等牧业发达及矿区密布区域的水资源利用效率及水资源重复利用效率。第三，不断加大农区水浇地、牧区灌溉高产饲草料地建设力度，调整农民产业结构，实现少种、精种，集约化经营。第四，遏制土地过度开发和建设用地低效利用，防止超载地区水资源环境继续恶化。

（2）对于超载地区中重点生态功能区的政策建议

对于超载地区中的重点生态功能区，规划的导向和生态承载力评价的结果都趋向于环境的保护，防止过度利用土地。建议严格控制建设用地的增量，注重生态环境的保护。

一是完善林地的保护和退耕还林政策的后续维护工作，严格林地采伐许可的审批制度。

二是遵循自愿有偿的原则，有序引导重点生态功能区内已进城落户或其他宅基地闲置的村民进行宅基地的退出，根据实际情况合理利用退出后新增的土地。

三是严格控制新增建设用地的审批，合理确定并严守建设用地上限。

四是引进非政府组织或企业等主体采用 PPP 模式，进行生态环境的保护与治理工作。

五是严格限制高污染类型项目的转移，禁止新建铁路、公路等项目穿过超载地区中重点生态功能区。

（3）对于超载地区中农业主产区的政策建议

对于超载地区中的农业主产区，承载力超载的现状和保障粮食安全的需求决定了这一地区需要切实保护耕地，严守耕地红线，有效控制新增建设用地数量。根据表 5-3 中的数据，只有乌兰察布的凉城县属于超载地区的农产品主产区。

一是有效控制区域内新增建设用地的数量，严格审批制度。妥善安置因既有建设而被占用的农用地的村民生活。

二是继续推进土地确权，促进农地流转，促进高标准基本农田建设。

三是严守耕地保护红线，为国家的粮食安全提供保障。

四是结合承载力指标和超载地区实际情况，合理划定基本农田。

五是完善农村宅基地退出与补偿机制，合理分配退出宅基地的使用权。

六是进行土地整治，提高土地利用效率。适度合理耕作，促进农民改善耕种方式和种植结构。

（4）控制人口规模

控制人口数量，从根本上控制对各种生产生活产品的需求量，才能有效降低土地资源的生产和承载压力。特别是呼和浩特、包头、鄂尔多斯这样的大城市，城市化进程不断加快，城市人口密度较大，控制人口增长，控制人口规模保持在适当水平内更是提高区域土地承载能力的主要措施。赤峰市的宁城县以及鄂尔多斯市的鄂前旗、鄂托克旗作为重点开发区却存在着超载的问题，这需要对人口数量进行控制。

一个地区人口增长包括人口自然增长（人口出生率－人口死亡率）、人口的机械增长（迁入率－迁出率）和城市化带来的人口增长（城市建设用地增长将农用地转为建设用地而导致的人口增长）。人口机械增长和城市化带来的人口增长已直接或间接给内蒙古自治区土地生态安全带来较大了压力，所以适度控制人口增长，尤其是控制城市化带来的人口增长，严格控制新增建设用地规模，对外来人口设置一定的进入门槛，是目前缓解人地关系矛盾较为有效的途径之一。

（5）提高建设用地集约利用程度

为了追求经济增长，近年来内蒙古自治区一些地方大搞开发区，以粗放的形式进行城市建设用地的开发和利用，造成了建设用地集约利用程度不高，其土地承载潜力没有得到有效的开发。因此，要在利用效率上挖掘土地潜力，在兼顾环境效益和社会效益的前提下，通过增加资本、劳动和技术等投入，改善土地资源利用效益，提高内蒙古自治区建设用地承载能力。

（二）临界超载地区（黄色和蓝色两个预警等级）各项政策研究

1. 临界超载区基本概况（表5-4）

临界超载区基本情况表 **表5-4**

序号	盟市名称	旗县名称	常住人口(万人)
1	呼和浩特	玉泉区	32.1
		土默特左旗	35.7
		回民区	40.1
		赛罕区	48.2
		新城区	43.4
		武川县	17.5
2	包头	东河区	53.8
		九原区	21.3
		青山区	49.8
		昆都仑区	76.8
		土默特右旗	28
		石拐区	3.4
		固阳县	17.3
		白云鄂博矿区	2.27

续表

序号	盟市名称	旗县名称	常住人口(万人)
3	赤峰	宁城县	53.3
		喀喇沁旗	36.4
		红山区	38.1
		元宝山区	33.3
		松山区	56.3
		敖汉旗	53.2
		翁牛特旗	42
		克什克腾旗	20
4	通辽	库伦旗	18
		奈曼旗	44.8
		科尔沁区	92.4
		扎鲁特旗	31.9
5	鄂尔多斯	鄂托克前旗	13.1
		乌审旗	10.3
		东胜区	60.6
		鄂托克旗	13.1
		达拉特旗	33
		杭锦旗	11.2
		康巴什区	15.3
6	呼伦贝尔	扎兰屯市	33
		阿荣旗	24.1
		鄂温克族自治旗	12.1
		海拉尔区	32.8
		扎赉诺尔区	9
		满洲里市	25
		新巴尔虎左旗	4.3
		莫力达瓦达斡尔族自治旗	26.5
		陈巴尔虎旗	6.3
		牙克石市	35.1
		额尔古纳市	7
7	巴彦淖尔	杭锦后旗	25.7
		乌拉特前旗	29.4
		五原县	27.1
		临河区	54.9
		乌拉特后旗	6.6
		乌拉特中旗	13.7

续表

序号	盟市名称	旗县名称	常住人口(万人)
8	乌兰察布	丰镇市	24.5
		察哈尔右翼前旗	16.4
		集宁区	38.8
		卓资县	13.6
		化德县	12.4
9	兴安盟	科尔沁右翼中旗	24
		乌兰浩特市	33.2
		科尔沁右翼前旗	29.7
		阿尔山市	6.9
10	锡林郭勒	锡林浩特市	25.1
		西乌珠穆沁旗	9
		阿巴嘎旗	4.3
		东乌珠穆沁旗	9.6
11	阿拉善	阿拉善左旗	17.9

2. 临界超载区在主体功能区中的定位（表 5-5）

临界超载区在主体功能区中的定位表　　**表 5-5**

序号	盟市名称	旗县名称	主体功能定位	等级
1	呼和浩特	玉泉区	重点开发区	国家
		土默特左旗	重点开发区	国家
		回民区	重点开发区	国家
		赛罕区	重点开发区	国家
		新城区	重点开发区	国家
		武川县	限制开发—农业主产区	区级
2	包头	东河区	重点开发区	国家
		九原区	重点开发区	国家
		青山区	重点开发区	国家
		昆都仑区	重点开发区	国家
		土默特右旗	限制开发—农业主产区	区级
		石拐区	重点开发区	国家
		固阳县	限制开发—重点生态功能区	国家
		白云鄂博矿区	重点开发区	国家
3	赤峰	宁城县	重点开发区	区级
		喀喇沁旗	限制开发—农业主产区	区级
		红山区	重点开发区	区级
		元宝山区	重点开发区	区级
		松山区	重点开发区	区级

续表

序号	盟市名称	旗县名称	主体功能定位	等级
3	赤峰	敖汉旗	限制开发—农业主产区	国家
		翁牛特旗	限制开发—重点生态功能区	国家
		克什克腾旗	限制开发—重点生态功能区	国家
4	通辽	库伦旗	限制开发—重点生态功能区	国家
		奈曼旗	限制开发—重点生态功能区	国家
		科尔沁区	限制开发—农业主产区	国家
		扎鲁特旗	限制开发—重点生态功能区	国家
5	鄂尔多斯	鄂托克前旗	重点开发区	国家
		乌审旗	重点开发区	国家
		东胜区	重点开发区	国家
		鄂托克旗	重点开发区	国家
		达拉特旗	重点开发区	国家
		杭锦旗	重点开发区	国家
		康巴什区	重点开发区	国家
6	呼伦贝尔	扎兰屯市	限制开发—重点生态功能区	国家
		阿荣旗	限制开发—重点生态功能区	国家
		鄂温克族自治旗	重点开发区	国家
		海拉尔区	重点开发区	区级
		扎赉诺尔区	重点开发区	区级
		满洲里市	重点开发区	国家
		新巴尔虎左旗	限制开发—重点生态功能区	国家
		莫力达瓦达斡尔族自治旗	限制开发—重点生态功能区	国家
		陈巴尔虎旗	重点开发区	区级
		牙克石市	限制开发—重点生态功能区	国家
		额尔古纳市	限制开发—重点生态功能区	国家
7	巴彦淖尔	杭锦后旗	限制开发—农业主产区	国家
		乌拉特前旗	限制开发—农业主产区	国家
		五原县	限制开发—农业主产区	国家
		临河区	重点开发区	区级
		乌拉特后旗	限制开发—重点生态功能区	国家
		乌拉特中旗	限制开发—重点生态功能区	国家
8	乌兰察布	丰镇市	重点开发区	区级
		察哈尔右翼前旗	限制开发—农业主产区	区级
		集宁区	重点开发区	区级
		卓资县	限制开发—农业主产区	区级
		化德县	限制开发—重点生态功能区	国家

续表

序号	盟市名称	旗县名称	主体功能定位	等级
9	兴安盟	科尔沁右翼中旗	限制开发—重点生态功能区	国家
		乌兰浩特市	重点开发区	区级
		科尔沁右翼前旗	限制开发—农业主产区	国家
		阿尔山市	限制开发—重点生态功能区	国家
10	锡林郭勒	锡林浩特市	重点开发区	区级
		西乌珠穆沁旗	限制开发—农业主产区	区级
		阿巴嘎旗	限制开发—重点生态功能区	国家
		东乌珠穆沁旗	限制开发—农业主产区	区级
11	阿拉善	阿拉善左旗	限制开发—重点生态功能区	国家

3. 差别化的土地资源承载力政策建议

(1) 对于临界超载区域内重点开发区的政策建议

临界超载区域作为开发的重点，区域内重点开发区扩张面积的需要和现实中承载力临界超载的现实也存在一定程度的矛盾，如何协调好二者的关系，对于经济社会的发展和土地的合理利用具有非常重要的影响。

一是加强土地管理，合理规划引导土地利用。土地管理的主要内容是土地利用规划，即根据经济社会发展需要和土地资源状况，从长远和全局出发，对一定时期内城乡各类土地的利用所作的综合协调和统筹安排，以实现土地资源的永续利用。

二是对于国家和自治区批准的重大基础建设项目和重大产业布局项目用地给予重点保护。由于临界超载区的土地仍然有可利用的余地，且重点开发区域的建设对地区经济的发展有着不可忽视的作用，因此临界超载区域重点开发区内的国家和自治区批准的建设项目和重大产业布局项目用地应该给予政策上的重点保护。

三是严格实行土地监察制度。对区域内的土地利用违法行为依法进行处理。对区域内的高污染企业进行技术革新或转移。将区域间的新增建设用地指标进行交易。将土地污染等外部性成本抵减企业纳税成本扣除数。对节约集约利用土地的企业及行为给予政策补贴。

(2) 对于临界超载区域内重点生态功能区的政策建议

临界超载区域内的重点生态功能区，生态保护仍然是最主要的目标，所以建议控制建设用地增量，保护区域内的生态用地。

适度增加建设用地的取得成本，可以遏制建设用地的盲目扩张以及土地的浪费，为重点生态功能区的保护提供条件；禁止新建铁路、公路等项目穿过国家重点生态功能区批地；开发旅游餐饮等产业，打造田园综合体；探索编制自然资源资产负债表，引进企业管理模式保护自然资源。

(3) 对于临界超载区域内农业主产区的政策建议

一是加强对和盐碱化的治理，改善耕地质量，提高宜耕土地的数量。

二是切实保护耕地，促进土地合理利用。耕地是城市不可或缺的组成部分，不仅能满足人们粮食及日常生活消费品的有效供给，还能保护城市生态环境。在经济不断增长、城市化水平不断提高、人口增长等因素的拉动下，为了提高粮食产量，长期盲目地过量使用化肥以及施肥不合理，使化肥带来的环境污染日益突出。为保证土地生态安全，必须降低化肥、农药使用量及加强自然受灾面积综合治理，增加有效灌溉面积，保证水土流失治理率，提高耕地质量。增加土地储备资源开发，调整土地利用结构，减少耕地的被占用量，加强土地整治、管理、开发。建立奖罚制度，利用行政和经济手段确保增施农家肥。对耕地实行建档管理，定期检查，对施农家肥达不到标准者，征收土地补偿费用，对超标者实行奖励。对乡镇企业发达的地区，实行以工补农、以副补农。从补农资金中输出一部分，鼓励农民积攒农家肥。加强对积攒农家肥工作的督促检查，建立和完善积肥责任制，各地应把积攒农家肥作为基层干部目标管理的一个内容，严格考核。

具体措施：

首先，以土地利用总体规划、基本农田保护规划为依据，严格执行耕地保护制度。

其次，城市发展要遵循节约集约用地原则，严格控制新增建设用地规模，优化城市产业结构，盘活存量城市土地，提高城市土地产出率。

第三，开发后备资源，加大土地整理力度，对工矿废弃地进行复垦，建设高标农田，确保耕地的数量、质量稳步提升。

第四，规范用地审批手续。建立目标责任考评制度，将基本农田保护面积、耕地保有量、补充耕地面积等指标作为市领导考核内容。

第五，加大农田保护力度，合理土地功能分区。一是减少土地利用总体规划修改的制度，增强规划执行的严肃性。编制土地利用总体规划时，首先充分衔接相关规划；其次采取自上而下、自下而上相结合，并以自下而上为主的程序和方法进行编制。在土地利用总体规划执行过程中，首先增强土地利用总体规划的法律地位；其次在规划期内最大限度地减少或杜绝规划的修改，切实加强土地规划执行的严肃性，使土地用途管制制度落实到实处。二是硬化基本农田保护区界限和城镇扩展控制底线，确保“两线”在规划期内不被突破。在编制土地利用总体规划时，科学预测人口发展趋势，准确预测城镇发展规模和确保粮食安全必需的基本农田，在规划期内科学合理地划定基本农田保护区界限和城镇扩展控制底线，并以法律的形式规定“两线”在规划期内不被突破。三是合理划分城市功能分区，城市商住用地以城市存量土地为主进行供地，工业用地以城边集中统一的开发区形式供地。事实证明，内蒙古自治区功能分区有些混乱，各类用地杂乱无序，造成城市用地效率低下。呼包鄂城市圈中的大多数市县作为国家级重点开发区域却存在着土地承载力临界超载的地区，可供开发的土地也越来越少。现实操作的层面，城区存量土地改造利用的成本和难度均高于城边新征地，致使部分土地用户在城区周边无序圈地，一方面因低廉的土地价格造成用地的浪费，另一方面造成新的功能布局混乱。鉴于商住用地对土地的区位要求较高，且投资开发利润丰厚，原则上以城区存量土地改造利用为主要供地方式。鉴于工业用地对土地的区位要求较低，加之投资开发利润相对较低，且易给周边带来一定的环境影响，新增和外迁的工业企业主要以集中办开发区或工业园区的形式供地，不仅可以减少无序供地和浪费土地，而且可以凸显城市的功能分区和工业聚集效应。四是适度推进土地开发整理工作，合理利用耕地开发整理资金，避免“劣质耕地”开发，扶持“集效农业”和“生态农业”开发。使更多的农民有转业机会，能够使区域有限的耕地集中在少数“种田能人”的手中，推广集约、高效、科学的农业生产。

第六，完善农地流转制度。农地流转制度的完善有利于农业生产更加科学化和精细化，有利于提高农民收入和农地的科学合理利用。

第七，坚持土地用途管制，落实耕地占补平衡。土地用途管制制度是《中华人民共和国土地管理法》确定的加强土地资源管理的基本制度。通过严格按照土地利用总体规划确定的用途和土地利用计划的安排使用土地。严格控制占用农用地特别是耕地，实现土地资源合理配置、合理利用，从而保证耕地数量稳定。按照土地用途管制的要求，对土地资源的利用，特别是各类非农建设占用耕地，要严格按土地利用总体规划和年度计划供地，严格把好农用地转用、土地征用审批关，严格执行耕地“占一补一”的补偿制度，严格依法征地和执行征地补偿安置制度。

（三）不超载地区（绿色预警等级）各项政策研究

1. 不超载区基本概况（表 5-6）

不超载区基本情况表　　**表 5-6**

序号	盟市名称	旗县名称	常住人口（万人）
1	呼和浩特	托克托县	20.7
		和林格尔县	20.2
2	包头	达尔罕茂明安联合旗	9.9
3	赤峰	林西县	20
		巴林右旗	17.4
		巴林左旗	32
		阿鲁科尔沁旗	26.8
4	通辽	科尔沁左翼后旗	35
		开鲁县	39.7
		科尔沁左翼中旗	53.2
5	鄂尔多斯	伊金霍洛旗	23.9
		准格尔旗	41.3
6	呼伦贝尔	新巴尔虎右旗	3.7
		鄂伦春自治旗	20.9
		根河市	9.9
7	巴彦淖尔	磴口县	10.8

续表

序号	盟市名称	旗县名称	常住人口（万人）
8	乌兰察布	兴和县	22
		察哈尔右翼中旗	15
		察哈尔右翼后旗	12.2
		商都县	22.6
		四子王旗	17.7
9	兴安盟	突泉县	27.6
		扎赉特旗	39.7
10	锡林郭勒	太仆寺旗	11.2
		多伦县	10.1
		镶黄旗	2.9
		正镶白旗	5.4
		正蓝旗	8.3
		苏尼特右旗	7.1
		二连浩特市	7
		苏尼特左旗	3.4
11	阿拉善	阿拉善右旗	2.6
		额济纳旗	3.3

2. 不超载区在主体功能区中的定位（表 5-7）

不超载区在主体功能区中的定位表 **表 5-7**

序号	盟市名称	旗县名称	主体功能定位	等级
1	呼和浩特	托克托县	重点开发区	国家
		和林格尔县	重点开发区	国家
2	包头	达尔罕茂明安联合旗	限制开发—重点生态功能区	国家
3	赤峰	林西县	限制开发—农业主产区	国家
		巴林右旗	限制开发—重点生态功能区	国家
		巴林左旗	限制开发—农业主产区	国家
		阿鲁科尔沁旗	限制开发—重点生态功能区	国家
4	通辽	科尔沁左翼后旗	限制开发—重点生态功能区	国家
		开鲁县	限制开发—重点生态功能区	国家
		科尔沁左翼中旗	限制开发—重点生态功能区	国家
5	鄂尔多斯	伊金霍洛旗	重点开发区	国家
		准格尔旗	重点开发区	国家

续表

序号	盟市名称	旗县名称	主体功能定位	等级
6	呼伦贝尔	新巴尔虎右旗	限制开发—重点生态功能区	国家
		鄂伦春自治旗	限制开发—重点生态功能区	国家
		根河市	限制开发—重点生态功能区	国家
7	巴彦淖尔	磴口县	限制开发—农业主产区	区级
8	乌兰察布	兴和县	限制开发—农业主产区	区级
		察哈尔右翼中旗	限制开发—重点生态功能区	国家
		察哈尔右翼后旗	限制开发—重点生态功能区	国家
		商都县	限制开发—农业主产区	区级
		四子王旗	限制开发—重点生态功能区	国家
9	兴安盟	突泉县	限制开发—农业主产区	国家
		扎赉特旗	限制开发—农业主产区	国家
10	锡林郭勒	太仆寺旗	限制开发—重点生态功能区	国家
		多伦县	限制开发—重点生态功能区	国家
		镶黄旗	限制开发—重点生态功能区	国家
		正镶白旗	限制开发—重点生态功能区	国家
		正蓝旗	限制开发—重点生态功能区	国家
		苏尼特右旗	限制开发—重点生态功能区	国家
		二连浩特市	重点开发区	区级
		苏尼特左旗	重点开发区	国家
11	阿拉善	阿拉善右旗	限制开发—重点生态功能区	国家
		额济纳旗	限制开发—重点生态功能区	国家

3. 差别化的土地资源承载力政策建议

由于不超载的地区重点开发区和限制开发区的数量都较多，而限制开发区又因为生态环境保护的需要和粮食安全的需要，即使土地利用的现状没有超载，仍然不能大力开发。所以对于不超载地区资源利用的政策建议主要在于加强生态功能区的保护和集约节约利用农地和适度开发未利用地。

（1）对于不超载区域内的重点开发区的政策建议

一是加大土地整治力度，适度开发未利用土地。土地开发、复垦和土地整理是提高土地利用面积和土地生产率的有效途径。对可供开发利用的后备土地资源，要在保护生态环境的前提下，有计划的加以开发利用，以弥补人口增长和建设占用耕地的缺口，增强农业发展后劲；同时重点抓好中低产田的土地改造，提高现有耕地的产量，对各类农业建设用地要注重盘活存量土地。加大挖潜力度，限制增量土地。未利用土地中除裸岩、裸土地较难利用外，其余可进行部分开发利用，对盐碱地可采取一定的工程或生物措施使其转化为耕地或草地，沙地可进行利用植树种草，要结合实际因地制宜进行综合治理。

二是鼓励地方盘活建设用地。不超载区的建设用地在保障国民经济平稳运行和生态环境方面起了很重要的作用，因此鼓励地方盘活存量建设用地有利于土地的集约节约利用，由此可以限制城市范围的无序扩张。

（2）对于不超载区的重点生态功能区的政策建议

一是探索编制自然资源资产负债表。自然资源资产负债表是自然资源资产核算制度的重要内容，是摸清自然资源资产"家底"，全面反映经济社会活动的资源消耗、环境代价和生态效益的基本手段，是政府进行科学决策、生态环境评价考核、生态补偿的重要支撑，也是开展领导干部自然资源资产离任审计的重要依据。编制自然资源资产负债表，可以形成激励机制和约束机制，促进生态文明建设。

二是对土地进行确权登记。推进土地的确权登记，不仅可以保障农民的权益，还可以在基础层面上明确土地的现状以及权属状态，对重点生态功能区的保护具有重要的意义。

三是合理确定并严守建设用地上限。

（3）对于不超载区域内的农产品主产区的政策建议

一是合理调整农地结构，大力推广实用技术。按照优势突出、集约发展、效益优先的原则，在农业集中发展的区域，进一步深化农业结构调整，围绕"生态、高效、特色、精品"的目标，发展现代农业，严格农用地特别是耕地保护，大力加强基本农田建设，坚持以葡萄、蔬菜两大产业为主导，适度扩大设施农业发展规模，适度发展规模养殖、苗木花卉产业，提高农用地综合生产能力。内蒙古自治区的农用地结构调整要紧紧围绕农业产业结构调整和生态建设的总体布局与安排，按照土地适宜性用途来进行调整，农用地结构调整总的方针是：保持耕地动态平衡，扩大林地，稳定牧草地，合理安排其他用地。在农用地调整基础上要大力推广配套实用技术，主要是积极推行良种壮苗、适期栽播、配方施肥、科学管理、防治病虫等系列高产栽培技术，提高单位面积产量，切实搞好农田水利基本建设，做到灌、排自如，确保耕地的生产用水。

二是按照土地适宜性程度适度扩大农业用地规模。

三是完善土地承包制度。

四是完善高标准基本农田建设。

（4）调整土地收益办法，建立保护耕地的经济制约机制

过去新增建设用地的土地收益在地方，这助长了城镇建设的外延发展，是一种以牺牲土地资源为代价换取经济发展的短视行为；新增建设用地所支付的有关费用较低，是建设单位重增量、轻存量，粗放利用土地的根本原因。增加新增建设用地成本，合理调整土地收益，改变多占地、多收益的旧机制，是制约占用耕地、实现可持续发展所要求的转变经济增长方式的有效途径。利用建设用地内部挖潜的土地收益全部留给地方，专门用于城市基础建设和土地开发整理、中低产田改造等。按照这一规定，今后凡是增量土地收益全部归中央，盘活存量土地收益全部归地方。建立这种保护耕地的经济制约机制，可利用经济

杠杆作用，鼓励地方政府注重盘活存量土地，搞好土地内部挖潜，从而可以做到在各项建设特别是城市发展用地上，尽量少占耕地或不占耕地，有利于耕地保护工作的贯彻落实。建立有效的土地收益分配机制，关键是要认真执行和落实《土地管理法》有关规定，确保新增用地的有关费用按标准缴足到位，使新增用地特别是占用耕地的总费用较以往真正大幅度的提高，从而抑制建设用地的扩张。

（四）对未来土地资源承载力政策演变方向的探索

1．土地开发空间优化目标

基于内蒙古自治区目前及今后时期人口和社会经济发展需求，确定内蒙古自治区土地开发空间优化的目标：根据土地综合承载力评价结果及其空间分布特征，开展土地开发空间区划，确定县域主导功能及其功能定位，有序引导资源、人口和经济的空间配置，保护和改善区域生态环境，形成安全、高效和可持续的土地开发空间格局。

（1）确定县域土地利用主导功能和发展方向

内蒙古土地开发空间优化的最主要目的就是确定不同县域土地利用的主导功能，协调不同土地资源承载功能之间的关系。根据区域主导功能和土地综合承载力的差异性形成科学的土地利用空间格局，引导人口和社会经济的合理集聚，形成集约化、高效和现代化的城镇发展空间模式；依托城镇的经济核心地位，辐射带动周边地区经济发展，协调城乡统筹发展；落实城乡社会保障均等化原则，加大对欠发达地区在重大基础服务设施建设、公共服务设施建设等方面的扶持力度，促进民族地区和贫困地区经济发展和社会保障；加强生态敏感地区保护和生态退化的整治，促进生态保护和修复相结合，提升区域预防和应对重要自然灾害风险的能力。

（2）提高县域土地资源空间配置效率

通过土地开发空间优化，规范区域土地利用空间开发秩序、优化土地利用空间结构，促进城乡之间、功能之间协调发展，从而达到调控人地关系、合理开发利用资源、改善生产生活环境、增强区域可持续发展能力的目标。主体功能分区、土地利用综合分区、生态区划、农业区划、环境分区等多种空间规划并行，相互之间协调性较差，导致区域主导功能定位模糊，对县域尺度的区域差异性研究不足，甚至出现区域与区域之间恶性竞争、重复建设的现象，严重制约了土地资源空间配置效率。因此，从土地综合承载力评价及空间分异规律分析的角度入手，依据土地开发适宜性和限制性原则对县域尺度的土地利用空间进行功能分区，规范土地开发秩序，提高县域土地资源空间配置效率。

（3）发挥土地综合承载力作为区域可持续发展的监测预警机制作用

土地资源的数量和质量在人类的开发利用下逐步变化，土地综合承载力研究由静态分析转向动态预测，通过分析土地利用系统的资源环境本底，测算土地综合承载力的承载现状，预测土地资源承载力的未来发展趋势，将其作为土地可持续利用的监测和预警指标，建立土地综合承载力统计监测体系和预警响应机制，有利于掌握当前的土地资源开发利用对于人口增长、经济发展、生态保护的支撑能力，为土地开发利用提供科学的调控和指导信息，合理确定水土资源开发强度、社会经济发展规模和速度，避免过度开发而突破资源环境承载阈值，维护生态平衡。

2. 内蒙古自治区土地开发空间优化对策建议

（1）区域差别化政策制度制定

内蒙古自治区地域范围广，地形地貌复杂，土地利用类型多样，决定了土地利用空间分异特征明显。区域的发展政策制定和实施不仅影响区域未来发展方向，同时也影响区域土地利用结构和布局。因此，制定和实施差别化的区域政策有助于发展区域自身的比较优势，引导地区分工、强化主导功能，从而凸显地域价值，促进区域之间协调发展，是保障土地利用空间优化方案落实的必然选择。从政策实施效用而言，区域政策工具可分为两类：一类是奖励型工具，即对符合区域政策目标实现方向的行政区域行为给予奖励；另一类是控制型工具，即对与区域政策目标相违背的行为进行控制。

从土地利用的角度来看，可通过制定相关土地政策和规划政策保障土地开发空间优化方案落实。土地政策主要是指通过建设用地指标分配、严格控制建设用地增量、实行城乡建设用地增减挂钩、严格农用地转非农建设用地审批、开展基本农田划定、实行土地用途管制等方法和手段达到鼓励或限制特定地区（产业）的发展、特定的开发活动等目标。规划政策是指通过国土空间开发规划、土地利用总体规划、城镇体系规划、社会经济发展规划等各类规划的制定和实施，加强对土地开发空间优化的指导，引导区域制定和强化土地利用功能定位；通过加强各类规划之间的衔接，实现规范国土空间开发秩序和区域协调发展。

（2）公共资源配置化制构建

土地利用主导功能为导向，构建公共资源匹配机制，创新公共资源投入和区域主导功能相挂钩的配置政策，有助于对比分析不同地域单元土地利用主导功能的均等性和可比较性，从而科学引导公共资源投入，优化公共资源配置，强化县域土地利用主导功能，促进区域协调发展。对于经济重点开发区，未来一段时间内的区域发展目标主要为加快城市化进程，优化产业空间配置。因此，在效率优先的指导原则下，应加强对这一地区的产业配套能力建设、基础设施网络建设和投资环境体系建设，加快培育科技创新及高新技术产业，引导生产基地转移，促进产业结构省级。对于以农业生产为主导功能的县域，粮食生产为首要目标，严格控制耕地红线，保障粮食安全，因此，在公共资源投入配置方面，应加强高标准基本农田和重要的商品粮基地建设，严格实施耕地占补平衡制度，大力开展农用地整理和空心村整治，并对农业主产区居民给予一定的经济补偿，完善支农惠农的财政政策实施保障体系，降低城乡收入差距。对于生态保护重点区域，划定生态保护红线，加强土地生态建设，鼓励发展生态农业，建立和完善多层次的生态补偿机制和生态环境保护奖惩机制，保障生态保护环境、区域居民的生活水平。

（3）县域政绩考核体系构建

《我国国民经济和社会发展“十二五”规划纲要》提出实行各有侧重的绩效评价，即按照不同区域的主体功能定位，对各类地区提供基本公共服务、增强可持续发展能力等方面的评价，实行差别化的评价考核。因此，可采用基于县域单元的区域发展绩效考核制度，将一定时期内县域土地利用不同功能承载指数的变动结果作为考核政府创新贡献和官员绩效的重要依据，由此反映不同土地开发空间优化实施效果。不同县域主导功能导向下，政府政绩考核所关注的重点有所差别。经济发展主导功能区的政绩考核应关注经济增长、产业结构优化、科技创新、资源利用和环境保护；农业主产区政绩考核实行农业发展为优先的考核评价，粮食产量、粮食综合生产能力提升度、粮食商品化率为主要指标；生态限制开发区和综合发展区域以人口、资源环境和社会经济协调发展为考核目标；生态保育主导功能区以林草覆盖率、水土流失和荒漠化治理率、植树造林面积等为主要考核指标，兼顾居民社会保障程度。逐步改向全区采用统一的考核指标体系的评价方法，弱化对地区生产总值、工业产值、财政贡献、城镇化率等相关经济指标的评价。

（4）土地利用水平的提升建议

农用地和未利用地向建设用地转换将成为内蒙古自治区土地利用的主要变化方向，农用地和未利用地的减少将会给内蒙古地区的粮食生产和生态保护带来更大的压力；同时，2015—2030年，农村人口向城市的转移速度将会始终保持在较快的水平，因此，对内蒙古地区来说，在努力提升建设用地规模的同时，需要采取有效的政策措施优化该地区的用地结构，积极保护农用地面积，以满足农业发展和保护人口粮食安全。考虑到未来的建设用地规模能够满足城市人口增长，保护农用地面积应当是首要工作。由于市场机制在内蒙古土地资源分配中的作用更为积极，而政府机制在保持土地利用平衡方面的作用则更为积极，因此在内蒙古城市化快速发展阶段（城镇化水平小于75%），应当以市场主导的政策为主，从而有效推动内蒙古的城市化发展；而在城市化水平进入到比较高的阶段时（城市化水平75%以上），则应当采取以政府为主导的政策措施，以维持整个地区建设用地与农业用地的平衡。

（5）土地资源粮食承载力的提升建议

内蒙古人均耕地量将会出现明显下降，将对该地区人口粮食供给带来更大的压力。因此，应当采取有效措施确保耕地面积不减少并提升耕地产粮能力，一方面保证人均耕地占有量维持在较高水平，另一方面可以确保在人均耕地量减少的情况下的人口粮食安全。因此，在保持耕地供应量方面，应当优先采纳均衡发展的政策模式。

（6）土地资源建设承载力的提升建议

在未来15年中，内蒙古建设用地不可能减少，甚至会大幅度增加的背景下，土地建设承载压力势必会受到城镇化的显著影响，因此需要积极考虑有效提升建设用地利用效率，避免建设用地的低水平扩张和利用。同时，应当将建设用地规模的扩张与建设用地强度相结合，合理提升建设用地利用效率。政策实施方面，由于均衡/非均衡的政策模式对于内蒙古地区土地建设承载力的影响更大，特别是非均衡发展政策比均衡发展政策更能够促进人均建设用地规模的增长，因此，在人均建设用地提升过程中，应当更多地采取非均衡发展政策以促进人均建设用地的增长；当人均建设用地达到一定规模，能够满足城镇化需求时，应当更多的采用均衡发展的政策以控制人均建设用地规模，使其保持在合理水平。

(7) 土地资源经济承载力的提升建议

均衡的政策模式对于内蒙古农用地经济承载力的影响更大，因此在未来的城市化发展过程中，内蒙古应当努力优化产业结构，积极促进第一产业发展，有效提高农用地经济效益，尤其是要重视发挥市场主导非均衡发展政策在提高农用地经济效益方面的作用，即充分发挥市场在土地资源调整方面的优势，对重点地区的第一产业发展给予更多的发展空间和支持，不断提升农用地的经济效益。在建设用地经济产出方面，由于均衡/非均衡的政策模式对于内蒙古建设用地经济承载力的影响更大，特别是非均衡发展政策比均衡发展政策更能够促进内蒙古单位面积建设用地经济效益的增长，因此，管理部门要积极采取非均衡发展政策，以更好地提升建设用地的经济效益，特别是第三产业在今后将会对城镇化发展起到重要作用，需要增加重点发展地区的投入，重视培育知识和技术型服务业，同时发展金融、管理、咨询、文创等高层次服务行业，以增加城镇化发展的后劲。

五、保障措施

（一）加强组织领导

内蒙古国土资源厅要加强对土地资源承载能力监测预警工作的统筹协调，会同各盟市国土资源局和厅属二级单位建立监测预警数据库和信息技术平台，于 2020 年年底前组织完成土地资源承载能力普查，并发布综合评价结论。地方各级党委、政府和国土资源管理部门要高度重视土地资源环境承载能力监测预警工作，建立主要领导负总责的协调机制，适时发布本地区土地资源承载能力监测预警报告，制定实施限制性和激励性措施，强化监督执行，确保实施成效。

（二）完善工作制度

政府出台的政策、制度，各盟市、旗县不仅要理解内容，更重要的是进行相应的考核。按照政策、制度制定相应的考核、奖惩措施，奖优罚劣，确保违反制度的行为要受到处罚。这样才能保证制度执行不走样，执行才有效果。

（三）严格规范管理

政策的管理执行需要统一和规范。各级国土资源管理部门要明确制度与政策管理权责，按照统一机制执行、处理和监控，与相关部门保持沟通和协作。避免政出多门、多头管理、相互矛盾，让基层工作者无所适从，政策无法很好落地。

（四）经费保障措施

根据《国土资源部关于印发〈国土资源环境承载能力评价和监测预警工作方案〉的通知》和《国土资源环境承载能力评价技术要求（试行）》的通知要求，内蒙古国土资源厅每年设置常态化经费用于对全区各盟市土地资源承载能力政策的落实、执行情况进行跟踪调研，提出反馈意见并作修改完善。

（五）提高服务能力

综合多学科优势力量，建立专家人才库，组织开展政策交流培训，提升土地资源承载能力政策研究人才队伍专业化水平。建立土地资源承载能力常态化政策研究经费保障机制，确保土地资源承载能力政策研究平台高效运转、发挥实效。

专题 6

内蒙古资源环境承载力人口政策研究

一、资源环境承载力人口政策研究必要性

自然资源、生态环境为发展提供必要的支撑，是任何技术都无法替代的基础。经济发展总是伴随着土地、矿产、能源、水等资源的大量消耗，随着人口增长，人口与资源耗费之间的矛盾日益突出，人均资源占有量越来越少。为了满足人口增长引起的消费需要，过度开发自然资源成为必然之路。如此循环，不仅经济发展的基石受到威胁，人类社会的存亡也受到了威胁。

自20世纪50年代以来，世界人口增长速度达到人类历史的最高峰，而在一定的自然地理、国民素质、社会发展程度与科技发展水平等因素条件下，资源和环境的人口承载力是有限的，当人类加载在某区域上的压力，包括人口数量、消费水平、生活方式、生产方式等，超出区域承受的范围，区域的生态环境就必然发生退化，超过人口承载力越多，生态环境的退化就愈加严重。而且生态环境的退化还是一个加速的过程，当一个区域的生态环境退化到根本不适于人类生存的时候，想再恢复到之前的生态环境，需要付出数倍的努力。

当前，我国部分地区人口已经严重超载，开展人口承载力研究具有紧迫的现实意义。改革开放以来，中国是全球经济发展最快的国家之一，而内蒙古是中国经济发展最快的地区之一，随着内蒙古经济的飞速发展，必然带来人口的大量迁移或集聚，同时也给资源保障和生态环境带来严峻的挑战，资源短缺、水污染严重、生态环境恶化等问题日益突出。基于此，考虑内蒙古人口承载力问题对实现人与自然和谐发展具有重要的现实意义。

二、资源环境承载力的相关人口政策综述

（一）主体功能区人口政策

1. 主体功能区人口政策的主要内容

2010年，国务院印发了《国务院关于印发全国主体功能区规划的通知》（国发〔2010〕46号），根据国家统一部署，2012年7月内蒙古自治区人民政府编制出台了《内蒙古自治区主体功能区规划》，明确了全区各类主体功能区范围、功能定位、发展方向和管制要求。内蒙古自治区主体功能区规划是统筹谋划人口分布、经济布局、国土利用和城镇化格局，确定不同区域的主体功能，并据此明确开发方向，完善开发政策，控制开发强度，规范开发秩序，推动形成人口、经济、资源环境相协调的国土空间开发格局的战略性、基础性、约束性规划。内蒙古主体功能区规划按照开发方式划分为重点开发区域、限制开发区域和禁止开发区域三类主体功能区，其中限制开发区域分为两种，一种是农产品主产区，另一种是重点生态功能区。

三类主体功能区的人口政策主要是通过规划引导、产业集聚、户籍改革、公共服务等

措施鼓励人口由禁止开发区域、限制开发区域向重点开发区域迁移，同时引导区域内人口均衡分布。具体来看，主要有以下几个方面的政策措施：

（1）迁入人口的优惠政策。重点开发区域加强人口集聚和吸纳能力建设，制定积极的人口迁入政策，放宽户口迁移限制，鼓励外来人口迁入和定居，逐步实现在城市有稳定职业和住所的流动人口本地化；引导区域内人口均衡分布，防止人口向特大城市中心区过度集聚。

（2）退出人口的鼓励政策。限制开发区域和禁止开发区域切实加强义务教育、职业教育与职业技能培训，增强劳动力跨区域转移就业的能力，制定积极的人口退出政策，以产业集中布局为依托，引导区域内人口向县城和中心镇集聚。

（3）公共服务政策。逐步统一城乡户口登记管理制度，加快推进基本公共服务均等化，逐步将公共服务领域各项法律法规和政策与现行户口性质相剥离。按照“属地化管理、市民化服务”的原则，鼓励城市化地区将流动人口纳入居住地教育、就业、医疗、社会保障、住房保障等体系，切实保障流动人口与本地人口享有均等的基本公共服务和同等的权益。

2. 主体功能区人口政策的实施效果

为了推进《内蒙古自治区主体功能区规划》实施，自治区政府制定印发了《关于自治区主体功能区规划的实施意见》，明确了不同主体功能区差别化的人口政策，几年来全区主体功能区人口转移集聚工作取得了明显成绩。

一是重点开发区域的人口集聚能力明显增强。在基本公共服务向常住人口全覆盖的前提下，支持重点开发区域加大教育、医疗卫生和计划生育、保障性住房等基本公共服务设施建设力度，使基本公共服务设施布局、供给规模与吸纳人口规模相适应。实行财政转移支付增加规模与吸纳转移人口增量挂钩政策。

二是禁止开发区域和限制开发区域人口加快转移。实施收缩转移集中发展战略，按照“尊重意愿、自主选择，因地制宜、分步推进”的原则，引导禁止开发区域和限制开发区域人口向重点开发区域转移，为转移劳动力提供免费职业教育、职业介绍与职业技能培训，增强劳动力跨区域转移就业的能力。

三是流动人口享有同等的基本公共服务权益得以保障。实施户籍制度改革，加快城镇基本公共服务由主要对本地户籍人口提供向对常住人口提供转变，支持转移人口同等享受教育、社会保障、住房保障、医疗卫生和计划生育、就业等政策。

经过几年的努力，内蒙古重点开发区域经济持续健康发展，基础设施更加完善，工业化水平大幅提升，城镇化质量明显提高，集聚经济和人口能力显著增强，截至2015年底，重点开发区域地区生产总值占全区地区生产总值的比重达到80%，人口占全区总人口的比重达到59.4%，比基期年2009年分别增长11.22%、10.9%。

（二）新型城镇化人口政策

1. 新型城镇化政策的主要内容

2014年，中共中央、国务院印发了《国家新型城镇化规划（2014—2020年）》，明确了城镇化的发展路径、主要目标和战略任务。为落实国家新型城镇化规划，内蒙古印发了《关于推进新型城镇化的意见》，明确提出以人的城镇化为核心，有序推进农牧业转移人口市民化，加快推进林区、垦区、矿区就地城镇化，积极推进城镇基本公共服务均等化，积极创造农牧业转移人口就业机会，走产城融合、产城互动的发展路子。2016年，内蒙古印发了《“十三五”新型城镇化规划》，提出鼓励符合条件的农牧业人口落户城镇、推进转移进城人口基本公共服务全覆盖、完善转移进城人口公共服务提供机制、提高农牧业转移人口社会参与度、探索进城农牧民土地权益有偿退出机制、健全农牧业转移人口市民化成本分担机制等促进人口城镇化的政策措施，目标是实现居住证持证人口与户籍人口基本公共服务同城均等化，义务教育、就业服务、基本养老、基本医疗卫生、保障性住房等基本公共服务覆盖城镇全部常住人口。户籍人口城镇化率提高到50%左右，常住人口城镇化率提高到65%左右，两个城镇化率高于全国平均水平5%左右。

2. 新型城镇化政策的实施效果

近年来，随着城镇产业发展和公共服务能力的持续提升，内蒙古新型城镇化步伐不断加快，农牧业人口向城镇转移集中的趋势日趋明显。“十二五”期间常住人口、户籍人口城镇化率年均分别提高0.9%和0.4%，新增城镇常住人口135万人，到2015年底，全区常住人口城镇化率为60.03%，同比提高0.79%，新型城镇化成效显著。伴随着新型城镇化政策的落实，城镇功能与各项惠民服务逐步完善，在多个层面上取得了显著的效果。

一是户籍制度改革深入推进。进一步放宽户口迁移条件，全面放开中等城市、建设镇落户限制，农牧业人口进城落户增速明显加快。城镇体系逐步完善，大中小城市和小城镇横向错位、纵向分工协作的格局正在形成，城镇控制性详细规划覆盖率已达到80%以上。

二是城镇公共服务进一步均等化。推进居民身份证区内异地办理。学籍管理实行人在籍在、人走籍转、籍随人走、跟踪到底的管理办法，保障随迁农（牧）民工子女实现无障碍就读小学、规范就读中学的接续办法，确保不让一个随迁子女失学。全区义务教育阶段进城务工随迁子女28.99万人，在公办学校就读的比例达到95.73%。

三是就业服务能力不断提升。充分发挥国家级转移就业示范县、示范点带动就业作用，组织开展“区内东西部劳务对接”“京蒙劳务对接”和“周边省区劳务对接”工作，着力打造特色服务品牌和家庭服务品牌，进一步提高农村牧区富余劳动力输出组织化程度。

四是产城融合能力进一步增强。通过出台相关政策，优化产业布局，引导人口向产业集聚区转移，设立现代服务业股权投资基金，推进52家自治区级服务业集聚区建设，服务业就业人员占全社会就业人员比重达到45%。

五是城镇基础设施承载能力不断提高。2010—2015年，20个城市、69个城关镇的建成区面积扩大了16.8%。市政基础设施和公共服务设施明显改善，人均道路面积由14.02平方米增加到23平方米，人均公园绿地面积由12.36平方米增加到19.5平方米，垃圾无害化处理率由82.8%提高到95%，均高于全国平均水平，城市绿地率、绿化覆盖率等指标明显提升。

六是城市环境面貌显著改观。包头、鄂尔多斯、满洲里3个城市被评为全国文明城市；呼和浩特、包头、鄂尔多斯、乌海、扎兰屯、乌兰察布、通辽7个城市进入“国家园林城市”行列；呼和浩特、包头、鄂尔多斯、呼伦贝尔、赤峰5个城市进入“国家森林城市”行列，7个城市建设项目获得“中国人居环境范例奖”，呼和浩特、包头、鄂尔多斯、二连浩特4个城市荣获“全国节水型社会建设示范区”称号。

（三）改善人居环境政策

1. 改善人居环境政策的主要内容

为进一步提高全区城市（包括旗、县和县级市城区）规划建设管理水平，改善城乡人居环境，促进新型城镇化和城乡一体化健康发展，内蒙古相继出台了《关于加快推进生态文明建设的实施意见》《关于加快推进生态宜居县城建设的意见》（内政发〔2015〕77号）、《关于建立农村牧区人居环境治理长效机制的指导意见》（内政发〔2017〕92号）等一系列文件，明确提出按照主体功能定位控制开发强度，有度有序利用自然资源，构建以空间规划为基础、以用途管制为主要手段的国土空间开发保护制度，合理布局和整治生产空间、生活空间和生态空间，推动形成绿色发展方式和生活方式，加快形成人与自然和谐发展现代化建设新格局。为保障实现人居环境改善政策落实，可以考虑从如下三个角度出发开展建设规划。

一是全面落实主体功能区规划。推进盟市、旗县（市、区）落实主体功能定位，形成“沿线、沿河”为主体的城市化和工业化发展格局，主要城市、重点园区集聚大部分人口和经济总量，大力发展循环经济和绿色城市，有效控制工业和生活污染排放，努力形成绿色、低碳生产生活方式。引导林区、垦区、矿区和生态环境脆弱区人口有序向城镇转移。

二是加强农村牧区环境建设。健全农村牧区基础设施和公共服务投入长效机制，推动基本公共服务和基础设施向农村牧区延伸，转变农村牧区和农牧民生产生活方式。加大农牧业面源污染防治力度，加强农村牧区污水和垃圾处理等环保设施建设。

三是推进绿色城镇建设。科学划定和严格执行城镇“三区四线”，合理布局市政基础设施，设定不同功能开发的容积率和绿化率，促进城镇规模与产业规模、人口规模相协调，保障环境质量与水资源可持续供给。按照宜居城镇和生态园林城市标准，保护天然水系、自然山体与城镇周边地区的植被，提升城镇绿地功能，加大社区、街头公园、郊野公园、绿道绿廊和环城市绿化带规划建设力度，实现“300米见绿、500米见园”，形成绿带、绿廊、绿芯的绿化体系。

2. 改善人居环境政策的实施效果

大力推进生态文明建设，打造青山常在、绿水长流、蓝天永驻的美好家园是内蒙古永续发展的必要条件，是各族人民群众对美好生活追求的新期盼，也是内蒙古各级党委、政府的不懈追求。党的十八大以来，内蒙古党委、政府时刻牢记习近平总书记的殷切嘱托与期望，团结带领全区各族人民坚持走绿色富区、绿色惠民的文明发展道路，加快实施重点生态工程、不断完善环境治理，积极推进各项改革，资源节约型、环境友好型社会建设成效显著，生态文明建设出现崭新局面。

一是坚持生态优先绿色发展之路，狠抓生态工程落实。全面实施了京津风沙源治理、三北防护林、天然林资源保护、退牧还草、新一轮退耕还林还草等重点生态修复工程。经过不懈努力，全区生态文明制度逐步完善，耕地、水资源、林业红线划定工作全面启动，基本草原的划定基本完成；“多规合一”试点改革和国家主体功能区试点示范深入推进。2015年全区森林覆盖率达到21.03%，草原植被盖度达到44%，生态环境状况实现“整体恶化趋缓，治理区明显好转”。

二是坚持把环境治理作为提升人居环境的民生实事来抓。认真落实国家“大气十条”，加快推进区域污染治理。2015年全区12个盟市空气质量平均达标天数比例高于全国平均水平4.2个百分点。认真落实国家“水十条”要求，完成了地级市黑臭水体排查，划定8处地级市集中式饮用水水源保护区，地市级城市集中式饮用水水源平均取水水质达标率为89.9%，重点流域水污染防治达到国家要求。

三是始终把节约资源作为促进人居环境持续优化的长效措施来抓。“十二五”期间，全区单位GDP能耗下降超额完成国家下达目标。大力推进资源高效综合利用，资源高效综合利用水平处于全国前列。在全区实施了汞、铅削减和高毒农药替代清洁生产重点工程。农用地膜回收面积达到500万亩，年回收农用残膜1.2万吨。大力推进既有建筑供热计量及节能改造，推动绿色建筑规模化发展。开展“车船路港”千家企业低碳交通运输专项行动。

（四）户籍制度改革及流动人口管理政策

1. 户籍制度改革及流动人口管理政策的主要内容

近年来，为落实国务院《关于进一步推进户籍制度改革的意见》，内蒙古制定出台了《关于深化户籍管理制度改革的实施意见》《关于进一步推进户籍制度改革的实施意见》《关于进一步调整户口迁移政策加快户籍制度改革的实施意见》等一系列推动户籍制度改革的政策，大力推进以人为核心的新型城镇化，提高了全区户籍人口城镇化率。文件提出切实解决落户地址问题、简化落户城镇申请手续、简化户口迁移办理程序、下放户口迁移审批权限、缩短户口迁移办理时限等措施，为农牧业转移人口落户城镇增设了依法合法稳定就业条件的落户通道，并扩大了随迁人员的范围。全面放开四类农牧区转移人群的落户限制，实行“零门槛”落户。进一步放宽了投靠类落户条件，并允许隔代投靠。同时，要求放宽呼和浩特市、包头市市区的落户条件。

2. 户籍制度改革及流动人口管理政策的实施效果

户籍制度改革工作开展以来，全区公安机关认真贯彻落实党中央、国务院和内蒙古户籍制度改革工作部署，立足内蒙古推进新型城镇化建设实际，分类放宽户口迁移政策。相关部门协同推进土地、教育、医疗、社保、住房保障、财税等配套领域改革，基本公共服务覆盖面不断扩大，户籍制度改革工作成效初步显现，呈现出破题攻坚、推进有力、成效初现的良好势头。一是内蒙古自治区人民政府出台了《关于推进户籍制度改革的实施意见》《关于进一步调整户口迁移政策加快户籍制度改革的实施意见》等政策文件，自治区层面户籍制度改革政策体系渐趋完善。二是城乡统一的户口登记制度全面建立。为消除城乡壁垒、推进城乡一体化创造了有利条件。三是各项配套改革正在稳步推进，为户籍制度改革顺利推进创造了有利条件。四是随着农村牧区人口转移的加快，不仅降低了人口对资源环境的压力，也推进了农民业产业化、专业化、绿色化步伐，为提升农村牧区生态环境质量起到了积极的作用。

（五）生态移民及贫困人口易地扶贫搬迁政策

1. 生态移民及贫困人口易地扶贫搬迁政策的主要内容

为打赢“脱贫攻坚战”，内蒙古启动了生态移民与易地搬迁扶贫工作，搬迁对象主要是居住在深山、石山、高寒、荒漠化、地方病多发等生存环境差、不具备基本发展条件，以及生态环境脆弱、限制或禁止开发地区的农村建档立卡贫困人口。为深入推动易地搬迁扶贫，内蒙古相继出台了《关于实施生态移民和异地扶贫移民试点工程的意见》《关于加快推进全区易地扶贫搬迁工作的指导意见》《关于支持易地扶贫搬迁项目有关政策的通知》等一系列政策措施，提出“十三五”期间全区完成20万建档立卡贫困人口搬迁安置与脱贫任务，把精准扶贫、精准脱贫作为基本方略，以建档立卡贫困人口为精准对象，以群众自愿、积极稳妥为工作方针，对居住在“一方水土养不起一方人”地方的建档立卡贫困人口实施易地搬迁。同时，内蒙古制定了一系列的优惠政策，对于易地扶贫项目免征森林植被恢复费，并实行经营服务性收费减免，为生态移民和异地扶贫加快推进奠定了坚实的政策基础。

2. 生态移民及贫困人口易地扶贫搬迁政策的实施效果

自2016年全国新一轮易地扶贫搬迁工作实施以来，内蒙古自治区党委、政府紧紧围绕“搬得出、稳得住、能致富”的目标，针对各地生态资源、产业布局具体实际，充分尊重群众意愿，坚持“哪有产业往哪搬，哪能就业往哪搬”，2016年已完成易地扶贫搬迁8万人，其中，建档立卡贫困人口5万人，同步搬迁人口3万人，全年下达投资计划33亿元。一是搬迁对象识别准。所有项目旗县都建立了2016年度易地扶贫搬迁建档立卡和同步搬迁户的电子信息档案，在建档立卡系统中对搬迁对象进行了精准标注，做到精准搬迁。二是项目工程建设快。2016年计划建设项目安置点全部开工，项目竣工率超过50％，搬迁入住率超过50％，90％的集中安置点达到主体封顶。三是搬迁方式选择活。通过采取嘎查村内就近安置、新建移民村安置、城镇“去库存”住宅小区或产业园区安置、乡村旅游区安置、入住幸福互助院安置、自主安置和货币化安置等七种安置方式，稳定实现搬迁贫困户“有房住、有事做、有钱赚、有人养”的目标。四是后续产业谋划实。对于集中安置的贫困户和涉及同步搬迁的群众，采取多种增收渠道，确保搬迁群众长期有收入，生产发展有特色、搬迁后有成效。五是群众满意度高。各地在易地扶贫搬迁项目建设中坚持实行“一公开、两参与、一评估、一测评”制度，有效确保了群众的知情权、参与权和监督权，提高了搬迁贫困户的参与度，认知感和获得感得到极大提升。六是生态脆弱区的生态环境显著好转。从2000年实施退耕还林项目以来，实施该项目的地区通过生态移民，当地的生态修复效果明显，特别是在山旱区效果尤为明显，不仅植被覆盖率不断提高，而且草裙的高度也不断增加，干旱地区降雨逐步增多，风沙危害逐年减少并得到有效遏制。除此之外，天然草场得到了有效治理和恢复，草原草质有所改善，草原上的物种和植物群落也呈现多样化，草原生机活力逐步回升。

三、资源环境承载力人口政策总体思路

（一）指导思想

深入贯彻落实党的十九大精神，以习近平新时代中国特色社会主义思想为指引，全面落实内蒙古第十次党代会精神，根据资源环境超载、临界超载、不超载地区的实际，围绕推进主体功能区建设的战略任务，实施人口调控政策，着力引导人口分布按照主体功能优化配置，着力构建科学合理的城镇化格局，缩小不同主体功能区间基本公共服务和人民生活水平的差距，形成人口、经济、资源环境合理布局的国土空间开发格局，实现人口分布、经济布局与资源环境承载能力相适应。

（二）基本原则

坚持因地制宜，促进人口与资源环境协调发展。根据资源环境耗损加剧与趋缓程度，全区分为资源环境超载、资源环境临界超载和资源环境不超载地区，结合主体功能区定位，对不同地区采取区别化的人口政策。在人口调控和管理过程中，加强分类指导，促进人口与经济、社会、资源、环境的协调和可持续发展。

坚持综合决策，促进协调发展。坚持按科学规律谋划发展全局，统筹考虑当前发展和未来发展的需要，实行人口发展综合决策，把人口综合管理和公共服务工作摆上可持续发展的重要位置，将人口政策融入经济社会政策，在经济社会发展战略规划计划、经济结构战略性调整、投资项目和生产力布局、城乡区域关系协调、可持续发展等重大决策中，充分考虑人口因素，不断健全人口与发展综合决策机制。

突出以人为本，实现共享发展。践行以人民为中心的发展思想，促进经济社会和人的全面发展。建立健全面向全人群、覆盖全生命周期的人口政策体系。倡导和实践优质服务理念，健全服务网络，拓展服务领域，增强服务特色，提升服务水平，尽最大努力增强人民群众获得感和幸福感。

深化综合改革，推进机制创新。不断深化理论创新、制度创新、能力创新和载体创新，积极转变人口调控理念和方法，统筹推进生育政策、计划生育服务管理制度、家庭发展支持体系和治理机制综合改革，完善人口预测、预报、预警机制，健全重大决策人口影响评估制度。

强化正向调节，注重风险防范。尊重人口规律，推动人口结构优化调整、人口素质不断提升、人口流动更加有序，持续增强人口资源禀赋。加强超前谋划和战略预判，提早防范和综合应对潜在的人口系统内安全问题和系统间的安全挑战，切实保障人口安全。

四、资源环境不超载地区人口政策重点方向

对于资源环境不超载的地区，人口政策应重点推动人口由限制开发区域、禁止开发区域向重点开发区域迁移，同时优化限制开发区域、禁止开发区域内部的人口布局，在资源环境承载力允许的情况下从事适当的产业活动。

（一）重点开发区域人口政策重点方向

稳定人口低生育率，放开户籍限制，推动产城融合发展，提高公共服务水平。通过综合改革，提高吸纳外来人口的能力和动力。大量吸引限制开发区域、禁止开发区域人口迁入。通过经济发展创造更多的就业机会、改进公共服务，使得流入的人口，特别是从限制开发区和禁止开发区流入的人口能够稳定下来。进一步完善劳动力市场建设，促进劳动力在优化开发区和重点开发区内部以及相互之间的充分流动。

1. 增强重点开发区域的人口集聚能力

在基本公共服务向常住人口全覆盖的前提下，支持重点开发区域加大教育、医疗卫生和计划生育、保障性住房等基本公共服务设施建设力度，使基本公共服务设施布局、供给规模与吸纳人口规模相适应。实行财政转移支付增加规模与吸纳转移人口增量挂钩政策。

2. 多渠道改善迁移人口的居住与生活条件

改善外来农牧民居住条件。招用外来农牧民数量较多的企业，在符合规划的前提下，可在依法取得的企业用地范围内建设外来农牧民集体宿舍，外来农牧民集中的开发区和工业园区可建设统一管理、供企业租用的员工宿舍。扩大住房保障体系覆盖范围，保障性住房规划必须考虑迁入人口的规模和总体需求，要实现以人为本、循序渐进，逐步降低门槛，确保将外来农牧民纳入保障范围。加强对外来农牧民的人文关怀，营造良好的社会舆论，形成关心外来农牧民工作、关怀外来农牧民生活、关注外来农牧民心理的良好氛围。

3. 保障流动人口享有同等的基本公共服务权益

进一步深化户籍制度改革，加快城镇基本公共服务由主要对本地户籍人口提供向对常住人口提供转变，支持转移人口同等享受教育、社会保障、住房保障、医疗卫生和计划生育、就业等政策。全面推进居住证持有者逐步享有城镇居民公共服务，确保居住证持有人享有与当地户籍城镇人口同等的劳动就业、基本公共教育、医疗卫生服务、计划生育服务、公共文化服务、证照办理服务等权利。

4. 推动产城融合，促进产业发展与人口迁移相协调

统筹空间、规模、产业三大结构，坚持以产业的增长支撑城镇的扩张，以城镇综合承载能力的提升促进产业发展，统筹规划产业与城市发展，引导产业集聚区向城镇及周边集中，开发区向“以产兴城、以城促产、产城共建”的方向转型，城镇公共服务向产业集聚区延伸覆盖。统筹发展资本密集型、技术密集型、劳动密集型产业，提高城镇吸纳就业能力，促进城镇发展与产业支撑、人口集聚相协调。

5. 加强就业创业服务，促进迁移人口尽快融入

整合城镇各类就业服务资源，调整公共就业服务机构，设立全区统一的就业服务信息平台，完善就业、失业登记管理制度，推动农牧业转移人口在城镇稳定就业。大力开展农村牧区劳动力转移就业培训和创业培训，实施农牧民工职业技能提升计划和农牧业转移人口就业培训工程，落实政府职业技能培训补贴，鼓励农牧民工取得职业资格证书和专项职业能力证书。鼓励大众创业、万众创新，对有创业意愿并具备一定创业条件的进城劳动力，在创业孵化、信息咨询、技术支撑、跟踪服务、小额担保贷款、财政贴息等方面给予配套支持。保障农牧业转移人口与市民同工同酬。

6. 推进农牧民工融入企业、子女融入学校、家庭融入社区、群体融入社会，建设包容性城市

提高各级党代会代表、人大代表、政协委员中农牧民工的比例，积极引导农牧民工参加党组织、工会和社团组织，引导农牧业转移人口有序参政议政和参加社会管理。依托社区构建服务管理平台，为流动人口在创业就业、子女入托入学、法律援助、特困救助等方面提供均等化服务，积极营造农牧业转移人口参加社区活动、参与社区建设和管理的良好氛围，培养农牧业转移人口的市民意识。实施城镇流动人口社会融入计划，发挥社会工作服务机构和社会工作者的作用，为进城落户的农牧民和其他流动人口提供专业化社会工作服务。

7. 建立健全迁移人口权益保障机制

加大监管力度，坚决遏制拖欠、克扣外来农牧民工资行为发生，坚决清除对外来农牧民就业的不合理限制和歧视性政策，逐步建立完善的、与劳动法相配套的劳动保障法律法规体系，依法保障外来农牧民享有平等的劳动权益。保证外来农牧民职业安全卫生权益，把外来农牧民纳入工伤保险范围，对从事可能产生职业危害作业的人员定期进行健康检查，从事高危行业和特种作业的外来农牧民要经专门培训，持证上岗。建立外来农牧民子女接受义务教育经费保障机制，将所需经费纳入地方财政保障范畴，保障外来农牧民子女平等接受义务教育。

（二）限制开发区域、禁止开发区域人口政策重点方向

稳定并进一步降低人口生育率，通过到重点开发区从事非农产业、生态移民等手段，鼓励人口外迁，以使得人口承载量限制在承载限度内。通过加强公共服务，改善基础教育和职业教育，提高人力资本水平，促进人口外出就业的能力。按照主体功能的要求，在产业结构和生产方式重新调整的前提下，通过发展特色产业、合理规划村镇和城镇布局，引导区内人口结构布局朝着符合主体功能要求的方向重新调整和优化。着力提高人口素质和技能，以承担维护禁止开发区生态和环境的功能、相应的管护职能以及从事接待外来旅游观光等适度经济经营活动。

1. 保障迁出人口土地权益

保护迁出农牧民的土地承包权益，短期内不得以迁出或移民为由收回承包地，纠正违法收回农牧民承包地的行为。迁出农牧民的土地承包经营权流转，要坚持依法、自愿、有

偿的原则，任何组织和个人不得强制或限制，也不得截留、扣缴或以其他方式侵占土地流转权益。

2. 探索进城农牧民土地权益有偿退出机制

鼓励进城落户农牧民通过市场方式依法有偿退出土地承包经营权、宅基地使用权和集体收益分配权。探索成立公益性土地收储公司，统一收购进城人口在农村牧区土地权益，并向规模经营者出租。在尊重农民意愿前提下，将农村闲置建设用地复垦为农用地，除保障农村建设需求外，结余用地指标公开交易，收益在集体经济组织与农户间合理分配。

3. 提升就业能力，推动农村劳动力转型

面向现代农业发展，构建有效的新型职业农民培育制度体系，建立高素质现代农业生产经营者队伍。持续推进农业富余劳动力进城务工并稳定生活，落实农业转移人口就业扶持政策，实施新生代农民职业技能提升计划，健全职业培训、就业服务、劳动维权“三位一体”的工作机制。凝聚政府与市场合力，优化环境并健全支持政策，建设一批返乡创业园区和旗县乡特色产业带，为外出务工人员返乡创业创造条件。

4. 促进劳动者人力资本积累

通过全方位投资人力资本，充分发挥劳动者工作潜能。大力发展继续教育，强化企业在职工培训中的主体作用，完善以就业技能、岗位技能提升和创业为主的培训体系，持续提升企业职工劳动技能和工作效能。提升劳动者健康素质，全面开展职业健康服务，落实职业健康检查制度，加强职业病防治。强化职业劳动安全教育。支持大龄劳动力就业创业，加强大龄劳动力职业培训，提高就业技能和市场竞争力，避免其过早退出就业市场。

5. 运用差别化的产业政策优化人口结构

限制开发区域制定限制类和禁止类产业指导目录，严格控制开发强度和开发范围，在符合主体功能定位的条件下，依托环境资源承载能力，合理发展旅游、农林牧产品生产和加工、观光休闲农业等适宜产业。禁止开发区域严禁开展不符合主体功能定位的各类开发活动，在不损害主体功能的前提下，履行合法合规审批手续，采用可持续发展方式，适度开展旅游、农牧业和林业生产等活动，保持一定规模的就业和人口。

6. 推动迁移能力较弱的人口就近迁入城市

通过制度创新，适当降低限制开发区设市标准，在资源环境承载力允许的前提下，从行政上促进部分当地中小城镇转变为城市，给予适当的财政转移，使迁移能力较弱的老、妇、幼人口便于就近迁入城市，逐步享有与重点开发区居民一致的公共设施，从而降低森林生态区、草原（湿地）区、荒漠生态区、荒漠化防治区、水土流失区的人口密度，保证生态安全区形成与修复。

五、资源环境超载、临界超载地区人口政策重点方向

（一）重点开发区域人口政策重点方向

适当控制人口总体规模，推动城镇体系建设优化区域内部人口布局，疏散非核心功

能，保持人口流动动态平衡，提高资源集约利用效率，优化环境承载方式。

1. 建设布局合理的新型城镇体系

优化城镇空间结构，重点推进城市群和区域中心城市建设，据点式发展小城镇，严格控制乡镇建设用地。增强大中城市辐射带动功能，发挥区域中心城市支撑城镇化格局的重要支点作用，做大做强盟市府驻地城市、重要节点城市，优化产业结构和城市空间布局结构，增强辐射带动和综合服务能力。

2. 疏散非核心功能，适当控制人口总体规模

明确资源环境约束趋紧的重点开发区域战略定位，以非核心功能及相关产业的调整疏解带动人口疏散。根据自身功能定位和发展目标，厘清核心功能和非核心功能，逐步将非核心功能相关要素特别是相关优质资源向外围新城和周边地区转移，制定具体的转移方案和明确的时间表，促进人口动态平衡。

3. 促进产业转移和人口双向流动

加快建立与劳动生产率提高相适应的工资正常增长机制，对不符合重点开发区域发展定位和方向的产业，应加大其经营成本，形成产业退出的市场倒逼机制。提升生活性服务业规模化、专业化经营水平，建立健全相关行业准入制度。加快特大城市市政公用事业产品价格形成机制改革，以生产、生活成本调控人口规模。

4. 推进流动人口基本公共服务均等化

优先解决稳定就业、长期居住的流动人口落户问题。逐步剥离附着在户籍制度上的福利待遇。依托居住证制度，按照权利和义务对等原则，保障流动人口基本公共服务和发展权利，建立分层、分类、有梯度的公共服务供给制度，优先实现实有人口在教育、就业、医疗卫生等方面机会均等。把人口流向作为确定财政转移支付方向和力度的重要依据，设立新的地方主体税种，增强流入地为流动人口提供服务的动力和能力。

5. 引导人口与资源环境协调发展

促进资源环境约束趋紧的重点开发区域一体化发展，推动人口基础数据部门共享，加强人口流量、流向、生存发展状况的动态监测，建立人口、土地、产业、资源环境、公共服务等方面信息和服务管理功能于一体的精细化的城市管理体系。加强流动人口服务管理，发挥群众组织的社会协同作用，加快形成现代社会治理模式。

（二）限制开发区域和禁止开发区域人口政策重点方向

严格控制人口迁入，提高外出就业能力，倡导绿色生产、生活方式，引导和鼓励人口向资源环境不超载的重点开发区域迁移。

1. 严格控制人口迁入，控制人口规模

对资源环境承载力不适宜人类常年生活和居住的地区，实施限制人口迁入政策，有序推进生态移民。促进人口绿色发展。实施人口绿色发展计划，积极应对人口与资源环境的紧张矛盾，增强人口承载能力。

2. 倡导绿色生活方式，降低资源环境消耗

大力推行创新驱动、资源集约节约、低碳环保的绿色生产方式，推广绿色低碳技术和

产品，严格限制高耗能、高污染行业发展，节约集约利用土地、水和能源等资源，促进资源循环利用。积极倡导简约适度、绿色低碳、文明节约的生活方式。推广绿色建筑，鼓励绿色出行。

3. 进一步完善鼓励人口迁出的户籍政策

进一步放宽推进限制开发区域、禁止开发区域人口迁出落户条件，对于限制开发区域、禁止开发区域居民转户进城，周边中小城镇对禁止开发区人口的迁移落户要坚决执行，在所属旗县范围内自由迁出，鼓励落户登记为城镇居民，并及时纳入城镇居民的社会保障体系。

4. 全面保障迁出人口的土地权益

确保迁出人口的农村集体和个人产权的原有权益，按照属地原则，对其宅基地、承包耕地和林地进行确权登记和量化，集体建设用地通过“增减挂钩”产生的周转建设用地指标，在批准后可作为耕地占补平衡指标转移使用。在依法、自愿、有偿前提下，将转户进城居民的耕地、林地委托给村集体经济组织统一管理。推动农村产权依法规范流转，建立转户进城居民原有资产有偿退出机制，保留转户进城居民原集体经济组织收益分配权不变，实行集体资产股份制制度改革，股份量化到户，股权可转让、继承。

5. 适当保留不损害主体功能的产业和就业

禁止发展工业，保留一定的人口数量，从事旅游服务、资源管理、环境保护、科学研究等不损害主体功能的生产生活活动。地方政府可支配一部分编制用于从事生态环境保护与建设工作的当地人，使其享受行政事业单位正式工作人员的待遇和保障。

6. 鼓励生态移民和随子女外出养老

加强宣传教育，在尊重群众意愿的基础上，鼓励生态移民，保护生态环境，促进人与自然的和谐发展。有计划的分步迁出部分居民到中小城镇就业，促成生活方式的逐步变化。统一为60岁以上老年人购买居民养老保险，纳入城市居民最低生活保障。鼓励老年人随子女外出养老，享受一定标准的老年人生活补助，符合享受高龄健康补助的80周岁及以上的老年人继续执行高龄保健补贴政策。

六、保障措施

（一）加强组织领导

坚持把统筹解决人口问题、建设人口均衡型社会提到各级政府重要议事日程，把人口发展工作列入经济社会发展总体规划，把人口和计划生育工作纳入改善民生总体部署。强化盟市、旗县人口发展战略研究、人口发展规划、人口发展监测及人口服务管理综合协调，注重政策联动和综合平衡，切实形成党政统筹、部门协调、社会协同、公众参与，共同推进落实的工作格局。

（二）健全投入保障机制

建立“财政为主、稳定增长、分类保障、分级负担、城乡统筹”的人口发展公共服务投入保障机制，确保政府投入增长幅度高于经常性财政收入增长幅度，确保法律法规规定的各项奖励优惠政策、旗县乡镇人口和计划生育技术服务等经费的落实。将流动人口服务管理、信息化建设、职业化建设、群众自治等经费列入同级财政预算。鼓励民间捐资、社会募捐和国际捐赠，引导企业、家庭、个人等加大对人力资本的投入力度，形成良性循环的社会投入机制。

（三）完善绩效评价体系

内蒙古自治区考核部门根据资源环境承载力实际情况和不同主体功能区功能定位，建立各有侧重的考核评价指标体系，将推进实施资源环境承载力监测预警和主体功能区规划情况作为对地方党政领导班子综合考核评价和领导班子调整的重要内容。

（四）开展资源环境承载力监测预警机制建设试点示范

内蒙古自治区发展改革部门会同有关部门，优先在资源环境超载的区域选择具有典型代表性的地区开展资源环境承载力监测预警机制建设试点示范，探索资源环境超载地区转型发展、科学发展的新模式、新路径，及时总结经验和做法，促进地区间交流和推广，切实发挥试点示范的先行带动作用。

（五）建立监督检查机制

内蒙古自治区政府组织发展改革、环境保护、国土资源、财政、审计、监察等部门，每年定期对资源环境承载力监测预警机制建设情况进行监督检查和年度评估，将结果作为有关部门绩效考核、产业投资的重要依据，并依据相关法律法规对违反国土空间开发秩序和要求的地区和部门给予相应的处罚。

专题 7

内蒙古资源环境承载力绩效评价研究

党的十八届三中全会通过的《中共中央关于全面深化改革若干重大问题的决定》明确提出，建立资源环境承载能力监测预警机制，对水土资源、环境容量和海洋资源超载区域实行限制性措施。中央深改组第 35 次会议审议通过的《关于建立资源环境承载能力监测预警长效机制的若干意见》要求，建立资源环境承载能力监测预警长效机制，开展承载能力评价，规范空间开发秩序，合理控制开发强度，促进人口、经济、资源环境的空间均衡。内蒙古是我国北方生态安全屏障和北疆安全稳定屏障，建立资源环境承载力绩效评价是筑牢“两个屏障”的客观要求，更是实现生态文明的重要举措。它有利于推进绿色发展，完善支撑绿色发展的政策法规，健全绿色低碳循环发展的经济体系；有利于解决突出的环境问题，调动全社会参与形成无死角的环境综合治理体系；有利于生态系统的保护，各项生态制度得以更好落实，形成推动人与自然和谐发展的现代化建设新格局。

一、资源环境承载力绩效评价研究必要性

政绩考核制度的目的是主动适应经济发展新常态。主动适应经济发展新常态，就要着力解决内蒙古经济社会发展中的一系列矛盾和问题。开展内蒙古资源环境承载力绩效评价，就是要解决现在发展与资源承载力之间存在的矛盾，对于牢固树立社会主义生态文明观，进一步筑牢北方重要的生态安全屏障，推动人与自然和谐发展，形成现代化建设新格局有着重要意义。

（一）落实“绿水青山就是金山银山”思想的具体要求

落实好“绿水青山就是金山银山”的要求，开展内蒙古资源环境承载力绩效评价研究，就是要实现人口经济和资源环境的空间均衡。通过建立绩效评价体系实现这种空间均衡，使人口规模、产业结构、增长速度与内蒙古的水土资源承载能力和环境容量相适应。内蒙古要在人口、经济和资源环境承载能力相适应的前提下，促进地区间经济和人口的均衡、缩小地区间人均 GDP 的差距。内蒙古发展中的突出问题是方式粗放、结构单一、动力不足，开展资源环境承载力绩效评价能够有效地促进内蒙古把发展方式转变过来、结构调整过来、创新驱动起来。作为祖国北疆重要的生态安全屏障，内蒙古发展的主要任务之一就是保护自然和修复生态，在保护中发展、在发展中保护，绩效评价结果可以指导领导干部在施政过程中综合考虑各种因素作决策。

（二）保障资源环境承载能力监测预警长效机制顺利实施的具体举措

内蒙古地域辽阔，地区差异很大。政绩考核应根据功能区划分和不同地区在资源禀赋、发展基础、环境条件、发展水平等方面的差异，分类设置考核指标和权重：草原牧区，草原生态极其脆弱，又是少数民族聚居区，应突出两个屏障建设的考核；集中连片的贫困地区，主要任务是摆脱贫困，应强化脱贫率和贫困人口增收的考核；对乌海、乌斯太、蒙西和棋盘井等污染严重的“小三角”区域的环保，应实行联防联控联治的考核。资源环境承载力绩效评价体系建立实现不同地区、不同层级领导班子和领导干部的职责要求，设置各有侧重、各有特色的考核指标，把有质量、有效益、可持续的经济发展，以及民生改善、社会和谐进步、文化建设、生态文明建设、党的建设等作为考核评价的重要内容。

（三）资源环境承载力是衡量区域可持续发展的重要指标之一

资源与环境是人类赖以生存的基础，而资源环境承载能力是衡量区域人地关系协调发展的重要依据，已成为衡量区域可持续发展的重要指标之一。对其实现监测预警已成为解决可持续发展问题和推进新型城镇化的主要应用基础研究方向，对于了解地球系统科学中自然圈层与人文圈层相互作用的机理和过程具有重要意义。

内蒙古自治区作为我国北方的生态屏障，对其资源环境承载力实现综合评价与监测预警，以诊断全域范围及典型功能区范围内可持续发展状况，预判并评估其支撑社会经济发

展的效率及潜力，监控资源损耗、环境损害、生态质量变化过程，遏制资源环境恶化程度，稳定资源环境承载能力，改善区域人类生存发展条件。

二、资源环境承载力绩效评价指标体系构建原则

（一）评价行政管理原则

1. 坚持问题导向

资源环境承载力绩效评价指标体系以解决存在问题为导向。具体分析各地环境承载力，因地制宜，充分发挥比较优势，实现内蒙古确定的资源环境承载力绩效评价指标体系过程中存在的突出矛盾和问题。解决内蒙古当前发展中存在的发展方式粗放、产业结构单一、产业链比较短、自主创新能力较弱、资源转化增值程度低、节能减排任务重、体制机制和管理创新滞后等问题。

2. 立足质量效益

资源环境承载力绩效评价指标体系就是要不折不扣地贯彻落实习近平总书记考察内蒙古重要讲话关于着力转变经济发展方式的战略思想和推动“五个结合”的实践要求。设置科学考核指标，提高发展的质量效益，对调整优化产业结构、延长资源型产业链、创新驱动发展、绿色循环低碳发展，以及清洁能源、现代煤化工、有色金属、现代装备制造、绿色农畜产品加工等产业发展，发挥较强的引领和导向作用。

3. 坚持公开、公平、公正

“公开”是对考核评价实施主体和内容的要求，要建立透明科学的评价考核体系和操作办法，相关信息必须真实、准确、完整地公开，保障被考核对象和社会公众的知情权。“公平”是考核评价相对人而言的，既要保障考核评价对象机会均等，又要因地制宜、区别对待，真正体现考核评价工作的普遍引领性和约束性。“公正”是相对于考核评价实施主体而言的，要求维护正义和中立，防止徇私舞弊。“公开、公平、公正”是一个相互联系、不可分割的统一整体，是考核评价工作的一个重要原则。

4. 坚持结果与过程并重

要加强对过程的考核，建立平时评价考核和信息报送工作机制，加强跟踪问效。探索建立日常监测预警制度，对考核目标任务推进缓慢盟市亮“红灯”，及时通报，提出预警；建立定期督查督办制度，强化督促检查，促使各盟市扎实有序推进各项工作。使“结果控制”与“过程管理”相统一，使平时考核和跟踪问效真正成为推动年度目标任务完成的重要手段。

5. 坚持组织考核与群众评价结合

坚持注重实绩、群众公认的原则，做到组织评价与群众评价相结合。加大民主参与评价考核的力度，完善考核评价的民主程序和方式方法，积极引导和组织更多的群众参与考核。要认真组织开展民主测评活动，采取召开座谈会、走访服务对象和填写调查问卷等方

式，广泛了解社会层面对领导班子工作成效和形象的认可度。要增强群众“评绩”的权威性，把群众意见作为认定干部工作实绩的重要依据。

（二）评价体系合理构建原则

研究区域与周边环境无时无刻不在进行着物质和能量的交换，是一个动态开放的，具有多变量、自组织、自恢复特性的复杂系统，因此评价指标体系的建立在资源环境承载力分析中占据重要地位。为了充分反映研究区的系统状态和区域特性，使评价指标体系能够更客观、更全面、更科学地阐明研究问题，并具有较强的可操作性、可实践性以及可推广性，在选取指标项以及构建评价指标体系时必须遵循以下原则。

1. 科学性原则

科学性要求指标概念必须明确，测算方法必须精确，统计手段必须规范。所选取的指标以及指标数值要能够实事求是的反映研究区域资源环境承载系统的基本状况。科学性原则是评价指标体系构建过程中的首要原则。

2. 完备性原则

在保证指标质量的前提下，必须选取足够数量的评价指标来全面反映研究区域资源环境承载力测度的不同方面，既要有资源环境要素方面的直接表征指标，也要有该区域经济、社会要素方面对资源环境系统的需求和压力方面的间接映射指标。完备性原是代表性原则的前提。

3. 区域性原则

每一个研究区域都有自己的本土特色，因此在构建评价指标体系时，有必要考虑研究区域的经济体制、社会制度和资源环境现状特点的区域差异，从而区分相关指标的区域特殊性。区域性原则是代表性原则的特例。

4. 代表性原则

选取的指标必须能够充分体现研究问题所涉及的不同方面，所选取的指标不在于数量很多，关键是所选取指标的质量必须要高。掌握了有限个数指标的代表性原则，能够改善并提高评价结果的可靠性，这是代表性原则的核心。代表性原则是完备性原则的“监督者”。

5. 可操作性原则

在某些指标项数据获取不全面，又无法通过插值等方法解决的情况下，这些指标项可以考虑剔除，而采用其他可替代的指标项来完善评价指标体系，保证所构建的指标体系具备现实意义。另外确定指标项之后，对指标数据进行定量化的难易程度以及指标数据的可获得性等都体现了指标体系构建过程中的可操作性原则。

6. 可比性原则

从时间维度考虑，所选取的指标项必须具有历史可比性；从空间维度考虑，所选取的指标项必须具有区域可比性。这样才能推算出资源环境承载力的时序差异性和空间差异性，进而采取提高承载力的有效措施，推动区域可持续发展。

三、资源环境承载力绩效评价指标体系

（一）环境承载力等级划分

环境承载力绩效评价，首先应该对其等级进行划分，在超载类型和资源环境耗损类型划分结果的基础上，对超载类型进行预警等级划分。将资源环境耗损加剧的超载区域定为红色预警区（极重警），资源环境耗损趋缓的超载区域定为橙色预警区（重警），资源环境耗损加剧的临界超载区域定为黄色预警区（中警），资源环境耗损趋缓的临界超载区域定为蓝色预警区（轻警），不超载的区域为绿色无警区（无警）。

环境承载力绩效评价应根据承载能力进行定位，然后分别从经济发展、社会管理、人民生活、资源环境四个维度设定具有代表性和导向性的评价指标体系。虽然各个区域的绩效考核都包含以上四个维度，但每个维度下的二级指标会围绕不同承载能力来设计，各功能区的指标体系重在突出本区域的承载能力。

通过对多种资源环境相关空间数据和属性数据进行存储、管理、分析、计算，得出多个资源环境基础评价和专项评价，再对评价结果与资源环境超载类型划分和资源环境预警等级划分进行资源环境承载能力集成评价，得出内蒙古自治区资源环境承载能力监测预警结果，为决策支持提供有力的科学依据。

（二）资源环境耗损超载区评价指标体系

1. 资源环境耗损加剧的超载区

资源环境耗损超载和加剧区域包括国家级自然保护区、世界文化自然遗产、国家级风景名胜区、国家森林公园、国家地质公园等，这些区域的指标设计要强化对自然文化资源原真性和完整性保护情况的评价。主要考核依法管理的情况、污染物“零排放”情况、保护对象完好程度以及保护目标实现情况等内容，不考核旅游收入等经济指标。有关资源环境耗损加剧的超载区域评价指标的具体内容及分类详见表7-1。

资源环境耗损超载和加剧区域评价指标　　表7-1

一类指标	二类指标
经济发展	第三产业占GDP比重
社会管理	社会保障体系建设
	财政转移支付力度
	税收优惠率
人民生活	人均可支配收入
	人口密度
	城市居民人均收入增长率

2. 资源环境耗损趋缓的超载区

资源环境损耗趋缓的超载区主要指曾经高强度开发利用导致的土地退化、自然环境恶

劣区域，经过自然长期净化或政策、技术支撑，能够在保障自然环境持续趋利发展的同时，为生态环境或经济生活提供一定服务功能的区域。有关资源环境耗损趋缓的超载区域评价指标的具体内容及分类详见表 7-2。

资源环境耗损趋缓的临界超载区域评价指标 **表 7-2**

一类指标	二类指标
经济发展	农业生态服务价值
	灌溉面积
社会管理	科研、技术人员增长率
	财政支出增长率
人民生活	社会保障体系建设
	财政转移支付力度
	税收优惠率
资源环境	林木绿化率
	水土流失和荒漠化治理率

（三）资源环境临界超载区评价指标体系

1. 资源环境耗损加剧的临界超载区

资源环境耗损加剧的临界超载区域主要指限制进行大规模高强度工业化城镇化开发，以保持并提高农产品生产能力的区域。这类区域通常具备较好的农业生产条件，以提供农产品为主体功能，以提供生态产品、服务产品和工业产品为其他功能。绩效评价应遵循农业发展优先的原则，强化对农产品保障能力、农村剩余劳动力转移等方面的评价，重点考核农业综合生产能力、农民收入等指标，不考核地区生产总值、投资、工业、财政收入和城镇化率等指标。限制开发的重点生态功能区，实行生态保护优先的绩效评价，强化对提供生态产品能力的评价，弱化对工业化、城镇化相关经济指标的评价。有关资源环境耗损加剧的临界超载区域评价指标的具体内容及分类详见表 7-3。

资源环境耗损加剧的临界超载区域评价指标 **表 7-3**

一类指标	二类指标
经济发展	第一产业年增长率
	农业生态服务价值
	农业占 GDP 比重
	服务业占 GDP 比重
	农林牧副渔业增长率
	灌溉面积
社会管理	城镇居民人均住房建筑面积
	城镇登记失业人员就业率
	农林水事务支出占总财政支出比重

续表

一类指标	二类指标
人民生活	人口密度
	城市居民人均可支配收入增长率
	农村居民人均纯收入增长率
	城市居民恩格尔系数
	农村居民恩格尔系数
资源环境	林木绿化率
	万元GDP能耗下降率
	城市生活污水处理率
	人均耕地保有量
	水土流失和荒漠化治理率

2. 资源环境耗损趋缓的临界超载区

资源环境耗损趋缓的临界超载区域通常存在城乡之间及城区之间发展不均衡、经济增长缓慢、发展后劲不足等问题和风险。故在发展思路上应强化工业化、城镇化方面的目标要求，评价指标上重点考核地区生产总值、非农产业就业比重、财政支出占地区生产总值比重、主要污染物排放总量控制率、“三废”处理率等指标。另外，根据农产品主产区和重点生态功能区的不同特点，各指标的优先度可作相应调整。有关资源环境耗损趋缓的临界超载区域评价指标及分类详见表7-4。

资源环境耗损趋缓的临界超载区域环境承载力评价指标　　表7-4

一类指标	二类指标
经济发展	GDP年增长率
	城市化率
	第三产业占GDP比重
	规模以上工业总产值增长率
	高新技术企业总收入增长率
	全社会固定资产投资增长率
社会管理	财政支出增长率
	科研人员增长率
	人均公共图书馆藏书
	每千人拥有病床数
	社会保障与就业支出增长率
人民生活	人口密度
	城市居民人均可支配收入增长率
	城镇登记失业人员就业率
	农村居民纯收入增长率

续表

一类指标	二类指标
资源环境	生活垃圾无害化处理率
	城市绿化覆盖率
	万元 GDP 能耗下降率
	每平方公里二氧化硫排放量
	生活污水处理达标率

（四）不超载的区域评价指标体系

不超载的区域属于城市化地区，工业生产规模大，各种功能聚集于一地，在 GDP 增长的过程中各种“城市病”开始出现，贫富分化、交通拥挤、住房困难、环境恶化、服务设施匮乏等一系列问题凸显。因此优化开发区的发展思路要强化转变经济发展方式方面的目标要求，按照优化开发的原则，在产业准入、能源消耗、污染排放等方面提出更高的要求，加速产业的升级，尽快实现低科技含量产业的转移。因此，要强化对经济结构、资源消耗、环境保护和服务设施等指标的评价，弱化对经济增长速度、招商引资、出口等指标的评价。对于不超载区域的环境承载力的各项指标进行细化，获得具有可量化的二级指标，具体分类详见表 7-5。

不超载的区域环境承载力评价指标 **表 7-5**

一类指标	二类指标
经济发展	人均 GDP 年增长率
	第三产业占 GDP 比重
	科研、技术服务占 GDP 比重
社会管理	城镇登记失业人员就业率
	人均公共图书馆藏书
	每千人拥有病床数
	户籍人口机械增长率
人民生活	城镇居民恩格尔系数
	常住人口密度
	居民人均可支配收入增长率
	居民人均住房使用面积
资源环境	工业废水排放达标率
	环境噪声达标区覆盖率
	城市绿化覆盖率
	万元 GDP 能耗下降率
	空气质量

四、资源环境承载力绩效评价

（一）资源环境基础评价

1. 土地资源评价

土地资源评价主要表征区域土地资源条件对人口集聚、工业化和城镇化发展的支撑能力。此次土地资源评价工作采用土地资源压力指数作为评价指标，该指数由现状建设开发程度与适宜建设开发程度的偏离程度来反映。

结合国土资源部办公厅印发《国土资源环境承载力评价技术要求（试行）》〔2016〕1213 号文件的通知和依据建设开发限制性评价、建设开发适宜性评价中所涉及的参数获取相应的数据，所需数据见表 7-6。

内蒙古自治区土地资源评价数据列表　　表 7-6

类型	名称	分辨率	说明
强限制因子	永久基本农田	1km×1km	利用高中产耕地数据
	生态保护红线（自然保护区）	1km×1km	内蒙古自治区生态保护红线还在划定阶段，所以采用环保厅的自然保护区数据来替换
	难以利用土地	1km×1km	采用全国第一次地理国情普查数据里的荒漠数据
较强限制因子	地震断裂带	1km×1km	采用地震局地震断裂带数据外扩 1km
	一般农用地	1km×1km	采用全国第一次地理国情普查数据中的人工草地、耕地、天然草地、园地、林地数据
	地形坡度	1km×1km	从全国第一次国情普查 DEM 数据提取
	地质灾害	1km×1km	采用国土资源厅提供的内蒙古自治区地质灾害易发程度分布图
	蓄滞洪区	1km×1km	采用全国第一次地理国情普查数据中的常年河、常年湖、水库、时令河、时令湖、干涸河、干涸湖数据

采用限制系数法计算建设开发适宜性评价分值。根据适宜性评价分值结果，通过聚类分析等方法将建设开发适宜性划分为最适宜、基本适宜、不适宜和特别不适宜四类，其中不受强限制性因子约束且非强限制性因子分值最高的区域为最适宜开发的区域。

最后，将建设开发适宜性评价结果中得到的最适宜与基本适宜空间与现状建设用地进行空间关联分析，将适宜空间与现状建设空间连片面积小于 1 公顷的地块进行降等，视为不适宜建设空间。

2. 水资源评价

区域水环境状况评价以各控制断面 DO、CODMn、BOD5、CODCr、NH_3-N、TN、TP 等主要污染物年均浓度与该项污染物一定水质目标下水质标准限值的差值作为水污染物超标量。标准限值采用国家 2020 年各控制单元水环境功能分区目标及水环境功能区划中确定的各类水污染物浓度的水质标准限值（具体限值采用《地表水环境质量标准》GB 3838—2002 中规定的各类水污染物浓度不同水质类别下的限值）。

根据《国务院办公厅关于印发实行最严格水资源管理制度考核办法的通知》（国办发〔2013〕2 号）、《内蒙古行业用水定额标准》《内蒙古水资源费征收标准及相关规定》《内蒙古水功能区划》《全区地下水保护行动方案》《地下水管理办法》《内蒙古以呼包鄂为核心沿黄河沿交通干线经济带重点产业发展规划水资源配置方案》《内蒙古自治区黄河干流盟市间水权转换试点实施方案》《内蒙古自治区节约用水条例》《内蒙古自治区实行最严格水资源管理制度实施方案》《西辽河流域水量分配方案》，确立水资源开发利用控制红线，到 2020 年和 2030 年全区用水总量分别控制在 211.57 亿立方米（不包括黑河水量，下同）和 236.25 亿立方米以内；确立用水效率控制红线，农田灌溉水有效利用系数提高到 0.501 以上；确立水功能区限制纳污红线，到 2020 年和 2030 年重要江河湖泊水功能区水质达标率分别达到 71%和 95%以上，切实保障生态用水，加快地下水超采治理步伐，实现地下水超采区的采补平衡。

3. 大气资源评价

根据国家发展改革委下发的《资源环境承载能力监测预警技术方法（试行）》要求，大气环境承载能力监测预警评估大气环境评价以各项污染物的标准限值表征环境系统所能承受人类各种社会经济活动的阈值（限值采用《环境空气质量标准》GB 3095—2012 中规定的各类大气污染物浓度限值二级标准），主要采用大气污染物浓度超标指数作为评价指标，通过主要大气污染物年均浓度监测值与国家现行环境质量标准的对比值反映。

大气资源评价要表征区域大气对社会经济活动产生的各类污染物的承受与自净能力，采用污染物浓度超标指数作为评价指标，通过主要大气污染物的年均浓度监测值与国家现行的该污染物质量标准的对比反映。根据我国现行环境质量标准中的大气和水污染物监测指标，选取能反映环境质量状况的主要监测指标作为单项评价指标。其中，主要大气污染物指标包括二氧化硫（SO_2）、二氧化氮（NO_2）、一氧化碳（CO）、臭氧（O_3）、可吸入颗粒物（PM10）和细颗粒物（PM2.5）等 6 项；主要水污染物指标包括溶解氧（DO）、高锰酸盐指数（CODMn）、五日生化需氧量（BOD5）、化学需氧量（CODCr）、氨氮（NH_3-N）、总氮（TN）和总磷（TP）等 7 项，考虑河流和湖库在区域地表水环境质量评价中的差异性，进一步选取相应评价指标，如对于评价区域中的河流选择除总氮（TN）以外的 6 项指标进行评价，湖库则选择上述 7 项指标进行评价。

4. 生态评价

由于内蒙古自治区土地退化的类型主要包括土地沙化、土地盐渍化和水土流失，造成这些生态系统健康度中、低的主要原因为土壤风蚀和土地沙化情况较为严重。

其主要原因从自然因素和人为因素两个方面分析：

自然因素。内蒙古气候属于温带大陆性季风气候，因地域辽阔，各地差异较大，最终形成了以温带大陆性季风气候为主的复杂多样的气候。具体表现为：多数地区四季分明，春季气温骤升，多大风天气；夏季短促温热，降水集中；秋季气温剧降，秋霜冻往往过早来临；冬季漫长严寒，多寒潮天气。总体呈现夏短冬长、较为干冷的表现。该地区年平均气温为－1～10摄氏度，全年降水量在50～450毫米之间，无霜期在80～150天之间，年日照时间普遍在2700小时以上。降水量少、气温高、蒸发量多再加上大风天数多等造成了内蒙古自治区土地沙化。

人为因素。内蒙古自治区大多数土地沙化均是人类活动引发的，气候未发生变化的条件下，当下垫面受到人类干扰，表层稳定性发生变化时，如植被的退化、草地的开垦、大面积开采矿产资源、沙丘的移动，都会诱发土地沙化或加剧其进程。人类活动打破了下垫面表层的原始稳定结构，沙漠化破口的形成，使外营力的介入成为可能，或者说人类活动协助风力打破了土壤表层较脆弱的稳定，加速了沙漠化进程。

综上所述，生态评价主要表征社会经济活动压力下生态系统的健康度状况。采用生态系统健康度作为评价指标，通过发生水土流失、土地沙化、盐渍化和石漠化等生态退化的土地面积比例反映。

（二）环境预警等级确定及实施办法

1. 环境承载力的构成

（1）基础环境承载力

基础环境承载力 {生命保障系统：空气、水、土壤、生物等；物质生产支持系统：承载矿产资源、水资源、土地资源、森林资源等}

（2）人造环境承载力

包含如社会物质技术基础、经济实力、公用设施、交通条件等。

（3）评价指标体系的环境资源

评价指标体系 {资源环境现有状况；现有资源环境技术手段}

将基础环境承载力、人造环境承载力和评价指标体系资源环境（一类指标和二类指标）通过加权计算，形成环境承载综合评价指标指数。

2. 环境承载力承载的内容

（1）承载污染物。承载污染物的概念既是经典的，又是狭隘的。

（2）承载人口规模。由于不同群体间的人均消费水平有差别，很难找到一个统一的标准，用承载人口规模表达难免失之偏颇，甚至不公平。

（3）承载人口消费压力。即$I=PAT$，式中，I为人口消费对环境影响；P为人口规模；A为人均能源消费量；T为每一消费单位所造成的环境消耗量。这样，以人的消费为最终衡量数据，概念简单明了。但它只是一个独立性的、静态的量，只体现了人对环境的消耗作用，无法表现出人对环境积极的、能动作用的一面。

（4）人类社会经济活动。由于环境问题主要是由人类社会经济活动所造成的，环境规划的目标是使人类社会经济活动与相应的环境相协调，使人类生存、发展基础的环境得到保护和改善。因此，承载对象应是“人类社会经济活动”。这就体现了环境承载力是社会、经济、环境协调作用的中介。

从以上定义可以看出，环境承载力实际是一个由 N 维向量支起的 N 维空间。

在理论上而言，这个 N 维空间的体积实际上就是对环境承载力范围的度量，该承载空间包含了无穷多个状态点。

由于本绩效评价研究根据已经成熟的功能区定位相互关联，因此，每一个一类指标包含多个二类指标，所以，每一个一类指标均是多维椭球，最终形成四维椭球。但是，由于缺失自然资源支持力评价，缺少对比基础，使得评价指标体系难以应用。

3. 指标体系

环境承载力要体现环境系统、社会经济系统、社会管理系统以及人民生活系统之间在物质、能量和信息方面的联系，要表示这样复杂的多维矢量，必须要有一套指标体系。

(1) 自然资源环境支持力指标。自然资源支持力指标包括不可再生资源以及在生产周期内不能更新的可再生资源，如化石燃料、金属矿产资源、土地资源等。环境支持力指标包括：生产周期内可更新资源的再生量，如生物资源、水、空气等；污染物的迁移、扩散能力；环境消纳污染物的能力。

(2) 资源环境技术支持力指标。包括更新的技术手段、潜在的降低耗损管理、突发环境问题处理能力、循环利用能力等方面的指标与指标体系。其与自然资源环境支持力指标构成环境承载容量指标体系。

(3) 社会管理、经济发展以及人民生活下设各二类指标体系形成环境损耗指标系统。

4. 环境超载类型的划分

《资源环境承载能力监测预警技术方法（试行）》提出采用“短板效应”原理来确定超载类型，我们在研究过程中发现，根据“短板效应”原理综合集成划分各县级行政区资源环境超载类型时，超载地区之间超载程度的差异和影响地区超载类型划分的主要因素无法体现。例如：内蒙古自治区通辽市开鲁县和赤峰市翁牛特旗同属于农产品主产区，均参与 5 项指标的评价（4 个基础评价和 1 个“耕地质量变化指数”专项评价，由于不是城市化地区和重点生态功能区，未作相应评价），通过“短板效应”原则，两县的最终评价结果均为“超载类型”。然而上栗县有 4 项指标的评价结果处于超载或者临界超载状态，仅水资源开发利用量指标未超标，整体资源环境超载较严重，可承载能力严重不足，需要实行严格的管控措施阻止资源环境进一步恶化；南城县参与评价的 5 项指标中仅环境评价中的污染物浓度超标指数处于超载状态，其余指标均为不超载，资源环境状况相对较好，可承载能力较强，管控措施可集中在污染物排放的控制和治理上，土地建设等其他方面的发展依然可在管控范围内推进。综上可见，同为“超载类型”的两个县超载的状态、程度完全不同，但是根据“短板效应”原理综合集成的结果却是一样，如果按照“短板效应”原理综合集成的结果来制定相应产业政策、用地政策、发展规划等，很可能会带来政策与地方实际不相符的情况。

因此在充分考虑内蒙古自治区情况的基础上，为了更加客观真实的体现各县资源环境承载状况和超载程度，本报告拟采取综合加权的方法对基础评价和专项评价结果进行集成分析，得出“综合超载指数”，通过综合超载指数来对地区资源环境超载类型进行划分。具体方法如下：

第一步：评价结果统一赋值。对基础评价和专项评价各项指标的评价结果赋值，“超载”赋值为 2，“临界超载”赋值为 1，“不超载”赋值为 0。

第二步：评价指标赋予权重。综合考虑基础评价和专项评价八项指标，采用专家打分法对不同指标赋予相应的权重。其中专项评价的 4 项指标在具体评价过程中并不重叠，每个县级行政区最多进行其中 1 项专项指标评价，因此专项评价作为整体被赋予权重。可以根据不同地区的实际情况适当调整其权重；环境污染物浓度超标指数是直接影响生态环境和人类健康的重要指标，且内蒙古自治区作为生态文明先行示范区，尤为重视环境的保护和治理，在资源环境承载能力集成评价中应适当增加“污染物浓度超标指数”权重。各指标具体权重赋值如表 7-7 所示。

评价指标权重分配表　　**表 7-7**

评价指标	基础评价				专项评价
	土地资源压力指数	水资源开发利用量	污染物浓度超标指数	生态系统健康度	
权重	20%	15%	25%	20%	20%

第三步：确定超载界线。加权算得“综合超载指数”范围在 0～2 之间。当综合超载指数＞1.1 时，确定为超载类型；综合超载指数介于 0.8～1.1 之间时，确定为临界超载类型；综合超载指数＜0.8 时，确定为不超载类型。

第四步：加权计算。各项指标的权重和评价结果赋值的乘积相累加，加权计算得到各县级行政区综合超载指数。

第五步：得出结论。以综合超载指数为评价依据，根据超载界线评价标准，划分各县超载类型，得出集成结论。超载类型划分中的集成指标及分级参见表 7-8。

超载类型划分中的集成指标及分级　　**表 7-8**

指标来源			指标名称	指标分级		
陆域评价	基础评价	土地资源	土地资源压力指数	压力大	压力中等	压力小
		水资源	水资源开发利用量	超载	临界超载	不超载
		环境	污染物浓度指标指数	超标	接近超标	未超标
		生态	生态系统健康度	健康度低	健康度中等	健康度高
	专项评价	城市化地区	水气环境黑灰指数	超载	临界超载	不超载
		农产品主产区	耕地质量变化指数	恶化	相对稳定	趋良
		重点生态功能区	生态系统功能指数	低等	中等	高等

5. 环境预警等级的划分

根据陆域的资源利用效率变化、污染物排放强度变化、生态质量变化三个类别的匹配关系，得到不同类型的资源环境耗损指数。其中，三项指标中两项或三项指标均变差的区域为资源环境加剧型；两项或三项指标均有所好转的区域，为资源环境耗损趋缓型。资源环境耗损类型的划分结果见表 7-9。

超载类型划分中的集成指标及分级　　表 7-9

超载类型	预警等级	资源利用效率变化	污染物排放强度变化	生态质量变化	资源环境耗损过程
超载 临界超载 不超载	红色预警 橙色预警 黄色预警 蓝色预警 绿色无警	变化趋良 变化趋差	变化趋良 变化趋差	变化趋良 变化趋差	加剧型 趋缓型

内蒙古仅有陆域，无海域，故过程评价仅针对陆域进行。陆域过程评价通过资源环境耗损指数反映，该指数由资源利用率变化、污染物排放强度变化和生态质量变化 3 项指标集合而成。

陆域资源环境耗损指数是人类生产生活过程中的资源利用效率、污染物排放强度以及生态质量等变化过程特征的集合，是反映陆域资源环境承载状态变化及可持续性的重要指标。陆域资源环境耗损指数测度指标集见表 7-10，陆域资源环境耗损指数类别划分标准见表 7-11。

陆域资源环境耗损指数测试指标集　　表 7-10

概念	类别层	指标层（关键指标）	数据层
资源环境耗损	资源利用效率变化	土地资源利用效率变化（建设用地）	10 年年平均增速
		水资源利用效率变化（用水量）	10 年年平均增速
	污染物排放强度变化	大气污染物排放强度变化（二氧化硫、氮氧化物）	10 年年平均增速
		水污染物排放强度变化（化学需氧量、氨氮）	10 年年平均增速
	生态质量变化	林草覆盖率变化	10 年年平均增速

陆域资源环境耗损指数类别划分标准　　表 7-11

名称	类别	指向	分类标准
资源利用效率变化	低效率类	变化趋差	二类速度指标均低于全国平均水平
	高效率类	变化趋良	除上述情况外的其他情况
污染物排放强度变化	高强度类	变化趋差	至少三类强度指标均高于全国平均水平
	低强度类	变化趋良	除上述情况外的其他情况
生态质量变化	低质量类	变化趋差	林草覆盖率年均增速低于全国平均水平
	高质量类	变化趋良	林草覆盖率年均增速不低于全国平均水平

（1）资源利用效率变化的类别

土地资源利用效率变化：根据《资源环境承载能力监测预警技术方法（试行）》中规定的公式计算土地资源利用效率变化。由于 2005 年以前各县级行政区建设用地面积统计误差较大，因此本报告选取 2005 年作为基准年，计算 5 年土地资源利用效率变化的平均情况。计算公式为：

$$L_e = 5\sqrt{\frac{L_{2010}/GDP_{2010}}{L_{2015}/GDP_{2015}}} - 1$$

式中，L_e 为年均土地资源利用效率增速；L_{2010} 为基准年 2005 年行政区域内建设用地面积；GDP_{2010} 为基准年 GDP；L_{2015} 为基准年后第五年的 2015 年行政区域内建设用地面积；GDP_{2015} 为 2015 年 GDP。

水资源利用效率变化：根据《资源环境承载能力监测预警技术方法（试行）》中规定的公式计算水资源利用效率变化。由于 2005 年以前各县级行政区用水量数据统计不全，因此本报告选取 2005 年作为基准年，计算 5 年的水资源利用效率变化平均情况。计算公式为：

$$W_e = 5\sqrt{\frac{W_{2010}/GDP_{2010}}{W_{2015}/GDP_{2015}}} - 1$$

式中，W_e 为年均水资源利用效率增速，2010 年为基准年；W_{2010} 为基准年 2010 年行政区域内用水；GDP_{2010} 为基准年 GDP；W_{2015} 为基准年后第五年的 2015 年行政区域内用水量；GDP_{2015} 为基准年后第五年 2015 年 GDP。

资源利用效率变化的类别确定：在土地资源和水资源利用效率变化指数计算的基础上，根据表 7-11 中的资源利用效率变化的类别划分标准进行划分。

（2）污染物排放强度变化

大气污染物排放强度变化：大气污染物（二氧化硫）排放强度变化计算公式如下：

$$S_e = \sqrt[5]{\frac{\frac{S_{2015}}{GDP_{2015}}}{\frac{S_{2010}}{GDP_{2010}}}} - 1$$

式中，S_e 为年均二氧化硫排放强度增速，2010 为基准年；S_{2010} 为基准年行政区域内二氧化硫排放量；GDP_{2010} 为基准年 GDP；S_{2015} 为基准年后第五年行政区域内二氧化硫排放量；GDP_{2015} 为基准年后五年 GDP。

大气污染物（氮氧化物）排放强度变化。计算公式如下：

$$D_e = \sqrt[5]{\frac{\frac{D_{2015}}{GDP_{2015}}}{\frac{D_{2010}}{GDP_{2010}}}} - 1$$

式中，D_e 为年均氮氧化物排放强度增速，2010 为基准年；D_{2010} 为基准年行政区域内氮氧化物排放量；GDP_{2010} 为基准年 GDP；D_{2015} 为基准年后第五年行政区域内氮氧化物排放量；GDP_{2015} 为基准年后五年 GDP。

水污染物强度变化：水污染物（化学需氧量）排放强度变化。计算公式如下：

$$C_e = \sqrt[5]{\frac{\frac{C_{2015}}{GDP_{2015}}}{\frac{C_{2010}}{GDP_{2010}}}} - 1$$

式中，C_e 为年均化学需氧量排放强度增速，2010 为基准年；C_{2010} 为基准年行政区域内化学需氧量排放量；GDP_{2010} 为基准年 GDP；C_{2015} 为基准年后第五年行政区域内化学需氧量排放量；GDP_{2010} 为基准年后五年 GDP。

水污染物（氨氮）排放强度变化。计算公式如下：

$$A_e = \sqrt[5]{\frac{\frac{A_{2015}}{GDP_{2015}}}{\frac{A_{2010}}{GDP_{2010}}}} - 1$$

式中，A_e 为年均氨氮排放强度增速，2010 为基准年；A_{2010} 为基准年行政区域内氨氮排放量；GDP_{2010} 为基准年 GDP；A_{2015} 为基准年后第五年行政区域内氨氮排放量；GDP_{2015} 为基准年后五年 GDP。

污染物排放强度：污染物排放强度变化由大气污染物排放强度变化及水污染物排放强度变化集合而成，根据《技术方法（试行）》，二氧化硫、氮氧化物、化学需氧量和氨氮四个指标的排放强度变化中至少三类强度指标均高于全国平均水平，则该地区污染物排放强度变化类别为高强度类，变化趋差；除上述情况外的其他情况，地区污染物排放强度变化类别为低强度类，变化趋良。

（3）生态质量变化

林草覆盖率变化：林草覆盖率变化计算公式如下：

$$E_e = \sqrt[10]{\frac{E_{2016}}{E_{2005}}} - 1$$

式中，E_e 为林草覆盖率年均增速，2005 年为基准年；E_{2005} 为基准年行政区域内林草覆盖率；E_{2016} 为基准年后第十一年 2016 年行政区域林草覆盖率。

基准年选择定为 2005 年，林草覆盖率数据采用《全国生态环境十年变化遥感调查与评估项目》成果中的林地和草地的面积计算。基准年后第十年（现状年）选择 2016 年，林草覆盖率数据采用内蒙古自治区环境监测中心站提供的内蒙古自治区 2016 年生态环境状况评价形成的土地利用解译矢量数据中的林地和草地的面积计算。

生态质量确定：根据《技术方法》中规定的公式计算林草覆盖率年均增速，并将这一指标与对应的全国平均值进行对比分析后进行生态质量变化类别划分，指标值高于全国平均水平时，其生态质量变化属“高质量类，变化趋良”，反之，则为“低质量类，变化趋差”。

6. 环境污染事件预警及等级对应

根据污染事件可能造成的危害程度、紧急程度和发展势态，突发环境污染事件的预警级别一般分为四级：Ⅰ级（特大）、Ⅱ级（重大）、Ⅲ级（较大）和Ⅳ级（一般）。

预警等级划分标准：

Ⅰ级（特大）：发生30人以上死亡，或中毒（重伤）100人以上；因环境事件需疏散、转移群众5万人以上，或直接经济损失1000万元以上；区域生态功能严重丧失或濒危物种生存环境遭到严重污染；因环境污染使当地正常的经济、社会活动受到严重影响；利用放射性物质进行人为破坏事件，或1、2类放射源失控造成大范围严重辐射污染后果；因环境污染造成重要城市主要水源地取水中断的污染事故；因危险化学品（含剧毒品）生产和贮运中发生泄漏，严重影响人民群众生产、生活的污染事故。

Ⅱ级（重大）：发生10人以上、30人以下死亡，或中毒（重伤）50人以上、100人以下；区域生态功能部分丧失或濒危物种生存环境受到污染；因环境污染使当地经济、社会活动受到较大影响，疏散转移群众1万人以上、5万人以下的；1、2类放射源丢失、被盗或失控；因环境污染造成重要河流、湖泊、水库大面积污染，或县级以上城镇水源地取水中断的污染事故。

Ⅲ级（较大）：发生3人以上、10人以下死亡，或中毒（重伤）50人以下；因环境污染造成跨地级行政区域纠纷，使当地经济、社会活动受到影响；3类放射源丢失、被盗或失控。环境污染事件预警等级划分。

Ⅳ级（一般）：发生3人以下死亡；因环境污染造成跨县级行政区域纠纷，引起一般群体性影响的；4、5类放射源丢失、被盗或失控。

Ⅰ级～Ⅳ级环境污染，对应环境承载力预警级别分别为红色、橙色、黄色和蓝色。

五、保障措施

（一）建立一体化监测预警评价机制

运用资源环境承载能力监测预警信息技术平台，结合国土普查每5年同步组织开展一次全国性资源环境承载能力评价，每年对临界超载地区开展一次评价，实时对超载地区开展评价，动态了解和监测预警资源环境承载能力变化情况。

资源环境承载能力监测预警综合评价结论，要根据各类评价要素及其权重综合集成得出，并经有关部门共同协商达成一致后对外发布。各单项评价结论要与综合评价结论以及其他相关单项评价结论协同校验后对外发布。全国性和区域性资源环境承载能力监测预警评价结论，要与省级和市县级行政区资源环境承载能力监测预警评价结论进行纵向会商、彼此校验，完善指标和阈值设计，准确解析超载成因，科学设计限制性和鼓励性配套措施，增强监测预警的有效性和精准性。建立突发资源环境警情应急协同机制，对重要警情协同监测、快速识别、会商预报。

（二）建立监测预警评价结论统筹应用机制

编制实施经济社会发展总体规划、专项规划和区域规划，要依据不同区域的资源环境承载能力监测预警评价结论，科学确定规划目标任务和政策措施，合理调整优化产业规模和布局，引导各类市场主体按照资源环境承载能力谋划发展。编制空间规划，要先行开展资源环境承载能力评价，根据监测预警评价结论，科学划定空间格局、设定空间开发目标任务、设计空间管控措施，并注重开发强度管控和用途管制。

将资源环境承载能力纳入自然资源及其产品价格形成机制，构建反映市场供求和资源稀缺程度的价格决策程序。将资源环境承载能力监测预警评价结论纳入领导干部绩效考核体系，将资源环境承载能力变化状况纳入领导干部自然资源资产离任审计范围。

（三）建立政府与社会协同监督机制

国家发展改革委会同有关部门和地方政府通过书面通知、约谈或者公告等形式，对超载地区、临界超载地区进行预警提醒，督促相关地区转变发展方式，降低资源环境压力。超载地区要根据超载状况和超载成因，因地制宜制定治理规划，明确资源环境达标任务的时间表和路线图。开展超载地区限制性措施落实情况监督考核和责任追究，对限制性措施落实不力、资源环境持续恶化地区的政府和企业等，建立信用记录，纳入全国信用信息共享平台，依法依规严肃追责。

开展资源环境承载能力监测预警评价、超载地区资源环境治理等，要主动接受社会监督，发挥媒体、公益组织和志愿者作用，鼓励公众举报资源环境破坏行为。加大资源环境承载能力监测预警的宣传教育和科学普及力度，保障公众知情权、参与权、监督权。